尼罗河流域水资源调查研究

马成祥　王军德　程玉菲　胡想全　著

黄河水利出版社
·郑州·

内 容 提 要

本书为国家国际科技合作专项“中国-联合国合作非洲水行动计划之——非洲典型国家和流域水资源规划合作研究”(2010DFA72840)的研究成果,重点阐述了尼罗河流域水资源现状调查分析、研究评价和规划建议。本书主要内容包括尼罗河流域自然地理和社会经济概况、水文要素分析和水资源量调查;流域水资源开发利用现状调查评价;同时结合我国在水资源开发利用及保护方面的经验,分析尼罗河流域水资源需求,提出未来一段时期水资源开发利用及保护的规划建议。

本书可为国内水利行业了解尼罗河流域水资源现状、存在的问题、开发潜力提供系统全面的基础信息和资料,为国内涉水企业投资非洲农业水电、便利我国与非洲水利合作提供参考信息,也为推动尼罗河流域水资源健康和可持续开发利用提供决策建议。

图书在版编目(CIP)数据

尼罗河流域水资源调查研究/马成祥等著.—郑州:黄河水利出版社,2021.8

ISBN 978-7-5509-3086-5

Ⅰ.①尼…　Ⅱ.①马…　Ⅲ.①尼罗河流域-水资源-调查研究　Ⅳ.①TV211.1

中国版本图书馆 CIP 数据核字(2021)第 182344 号

组稿编辑:王路平　电话:0371-66022212　E-mail:hhslwlp@126.com

出 版 社:黄河水利出版社　网址:www.yrcp.com

地址:河南省郑州市顺河路黄委会综合楼 14 层　邮政编码:450003

发行单位:黄河水利出版社

发行部电话:0371-66026940、66020550、66028024、66022620(传真)

E-mail:hhslcbs@126.com

承印单位:广东虎彩云印刷有限公司

开本:890 mm×1 240 mm　1/32

印张:4.125

字数:120 千字

版次:2021 年 8 月第 1 版　印次:2021 年 8 月第 1 次印刷

定价:48.00 元

前　言

尼罗河是世界上流程最长的河流，全长 6 671 km，多年平均年径流量约 810 亿 m^3，从南至北所跨纬度 35°。流域面积 317.65 万 km^2，占非洲大陆面积的 1/9，涉及布隆迪、卢旺达、坦桑尼亚、肯尼亚、乌干达、刚果(金)、南苏丹、苏丹、埃塞俄比亚、厄立特里亚和埃及等 11 个国家。2012 年底流域总人口 2.38 亿人，占非洲总人口的 22%，灌溉面积 502.07 万 hm^2。流域多年平均水资源量 1 257.17 亿 m^3，水资源相对丰富，但各地区之间分配严重不均，限于流域内各国经济发展水平，水资源利用以农田灌溉为主，占总用水量的 89%。现状 2012 年尼罗河流域总需水量 1 004 亿 m^3，供水量 863.60 亿 m^3，缺口 140.40 亿 m^3。

尽管尼罗河流域水力资源相对丰富，但一直以来未得到合理利用，水旱等自然灾害经常困扰着大多数尼罗河流域特别是上游国家，造成严重的经济社会问题。据世界银行数据，全球最贫穷的 10 个国家中，有 4 个国家分布在尼罗河流域，这些国家水力发电的利用率只有 3%，只有不到 10%的人口能够使用电力。随着流域内各国人口增长和工农业发展，对尼罗河水的需求也与日俱增，供需矛盾凸显。预测未来 25 年，尼罗河流域人口将翻番，随着流域内人口的不断增长和全球变暖造成的影响，该地区对水的需求会不断增大，对水资源的争夺将更加激烈。联合国环境规划署指出，埃及、苏丹、厄立特里亚对尼罗河水资源的依赖度达到 96%、77%和 68%。尼罗河三大支流中，青尼罗河源于埃塞俄比亚高原，降水集中在 7~9 月三个月，导致流域水土流失严重，土壤侵蚀率为世界平均水平的 137 倍。

水资源调查评价和规划是对水资源进行统筹安排，制订最佳开发利用方案及相应工程措施的基本方式，是水资源科学管理的重要组成部分。尼罗河流域目前还没有一个真正意义上的统一的流域综合规划，急需借鉴其他河流的经验和做法，研究制定流域规划。我国自 20

世纪50年代开始，对黄河、长江、珠江、海河、淮河等大河和众多中小河流进行流域规划，取得了良好的效益，积累了可贵的经验；2007年起利用3年时间完成了长江、黄河等七大江河流域综合规划的修编，为协调流域水需求，调节流域水供给，保障流域经济社会可持续发展发挥着重大作用。我国黄河流域黄土高原区与青尼罗河流域一样，水土流失严重，是黄河泥沙的主要产生区域，这方面我们实施流域综合治理、调节农业种植结构、改变广种薄收做法，实施退耕还林、封山育草、提高水源涵养等措施取得了显著成效，甘肃中东部地区部分流域通过综合治理，侵蚀模数从6 500 t/(km^2 · a)下降至1 500 t/(km^2 · a)。

为了分享我国在流域水资源管理等领域的经验和做法，提高非洲水资源开发利用技术能力，从而保障粮食安全，改善民生，为联合国千年发展目标做出贡献，2011年，中国科技部与联合国环境规划署合作启动了“中国-联合国合作非洲水行动”计划，甘肃省水利科学研究院有幸承担“非洲典型国家和流域水资源规划合作研究”项目，笔者作为该项目负责人联合院里其他几位技术骨干承担完成了《尼罗河流域水资源调查评价及规划建议》《坦噶尼喀胡流域水资源调查评价》和《乌干达国家水资源规划研究》。国内目前系统开展非洲主要河流和流域的研究非常少，为了与国内水利行业分享本研究成果，共享本项目所收集汇编的大量基础数据资料，作为今后进一步开展研究的基础和涉水企业在非洲农业水利投资的参考，项目组决定出版部分研究成果。

本研究成果得益于中国科技部、联合国环境规划署(United Nations Environment Programme)的支持，调查和研究过程中得到了尼罗河流域协作倡议组织(Nile Basin Initiative)、东尼罗河区域技术办公室(East Nile Regional Technical Office)、乌干达水资源与环境部（Ministry of Water and Environment)、肯尼亚水资源与灌溉部(Ministry of Water and Irrigation)、埃塞俄比亚水资源与能源部(Ministry of Water and Energy) 等流域内相关国家水利主管部门的配合和支持，尤其感谢尼罗河流域协作倡议组织、德国全球径流数据中心(The Globe Runoff Data Centre)和联合国粮农组织(The Food and Agriculture Organization, FAO)与我们分享了其已有的许多研究成果和大量的基础数据。也感谢本项目协作单位中国科技交流中心、中国空间技术研究院的参与支持，甘肃省水利科学研究许多同志参与了本项目的研究工作。本书在编写过程中还引用了大量的参考文献。在此，谨向为本书的完成提供支持和帮助的单位、所有研究人员和参考文献的原作者表示衷心感谢！

由于作者水平有限，书中难免存在不妥之处，敬请读者朋友批评指正。

作 者

2021 年 5 月

目　录

第 1 章　流域概况

1.1　自然概况

1.1.1　地理位置

尼罗河流域南起东非高原,北抵地中海沿岸,东倚埃塞俄比亚高原,并沿红海向西北延伸,西邻刚果盆地、乍得盆地,沿马腊山脉、大吉勒夫高原和利比亚沙漠向北延伸。干流自南向北,流经布隆迪、卢旺达、坦桑尼亚、乌干达、南苏丹、苏丹和埃及等国家,最后注入地中海。干流自卡盖拉河源头至入海口,全长 6 671 km,是世界上流程最长的河流。支流还流经肯尼亚、埃塞俄比亚和刚果(金)、厄立特里亚等国家的部分地区。尼罗河流域面积约 317.65 万 km^2,占非洲大陆面积的 1/9,入海口处多年平均年径流量约 810 亿 m^3,所跨纬度从南纬 4°至北纬 31°。尼罗河流域地理位置和水系见图 1-1。

1.1.2　地形地貌

尼罗河流域地貌分为三个区域:流域的南侧和东南侧主要是由结晶岩组成的东非高原和由熔岩构成的埃塞俄比亚高原地貌;苏丹处于一个由南向北微缓倾斜的巨大构造盆地;喀土穆以下尼罗河干流东西两岸则为广阔的沙漠台地。

尼罗河最上游是卡盖拉河,该河源于东非高原布隆迪境内,经卡巴雷加瀑布流入阿伯特湖,湖水自北端流出,名阿伯特尼罗河。自尼穆莱以下名白尼罗河,白尼罗河两岸地势平坦,偶有基岩出露。白尼罗河和青尼罗河在喀土穆汇合,周边为吉齐拉平原,合流点以下为尼罗河。尼罗河在喀土穆以北流经沉积岩区,河谷为平坦浅峡谷,瓦迪哈勒法附近

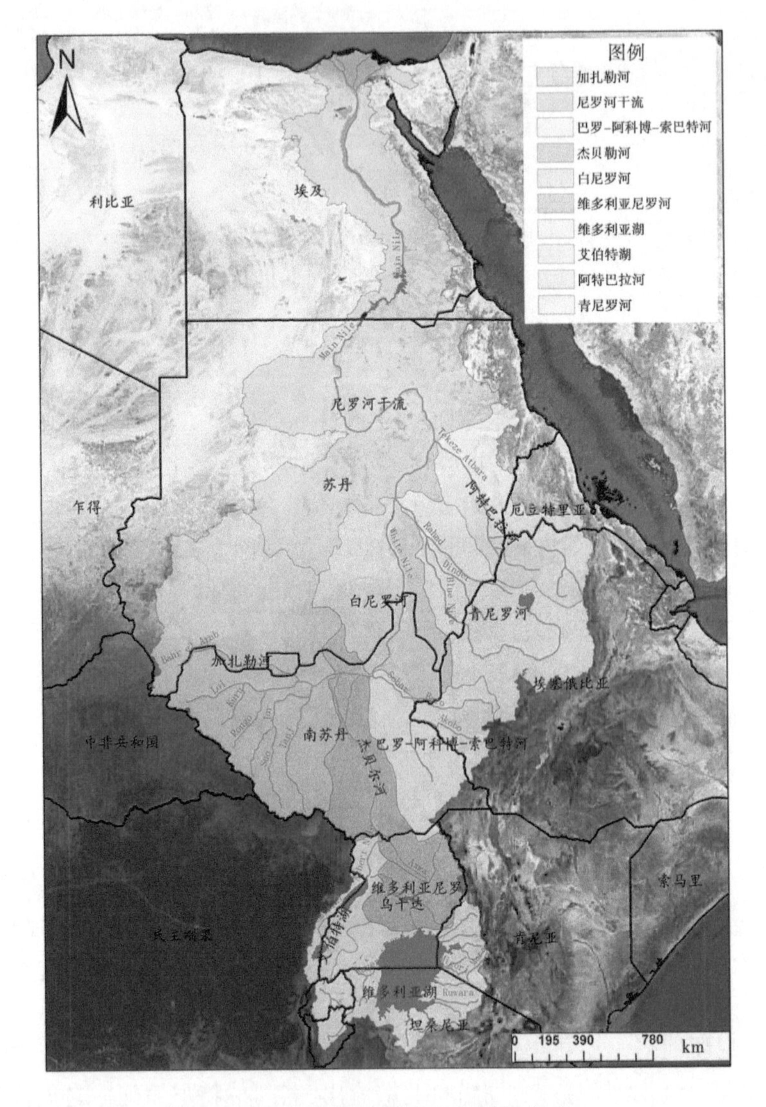

图 1-1　尼罗河流域地理位置和水系

峡谷宽仅 201 m,由此至阿斯旺的河谷较为狭窄。阿斯旺大坝以下至纳贾哈马迪段,河谷开阔,长约 16 km,河道傍近东岸,平原多分布在河

道西岸。喀土穆至阿斯旺之间有 6 处瀑布,由河床基底结晶岩受水流冲刷所致,河谷两岸不对称,东岸高陡,西岸低缓。

尼罗河赤道湖区的源头至维多利亚湖出口的河源段具有明显的山地河流特征,维多利亚湖出口至尼穆莱,河床比降 1/1 200。河段沿途有卡巴雷加瀑布、维多利亚湖、基奥加湖等裂谷间的高原浅水湖泊和沿西支裂谷发育的蒙博托湖、爱德华湖和乔治湖等断层湖泊。

尼罗河向北流经广阔的苏丹黏土平原,地势平坦,比降极缓,马拉卡勒以上河段河床比降仅为 1/13 900,沿途沼泽密布,河道分汊漫流。从马拉卡勒至喀土穆,河床比降更趋平缓,只有 1/100 000。尼罗河下游河段可细分为:

(1)喀土穆至阿斯旺峡谷段,尼罗河切穿广袤的沙漠谷地,奔流而下,比降 1/6 000。由于结晶岩广泛出露,河床基岩面高低不平,形成著名的六大瀑布群。

(2)阿斯旺至开罗段,穿越东、西部沙漠之间,河谷开阔而平坦,沿岸有狭长的河漫滩,比降为 1/13 000。

(3)开罗以下河口段,从开罗以下 20 km 处开始,河流分汊注入地中海,形成巨大的尼罗河三角洲,面积达 2.4 万 km^2,冲积土层平均厚度在 18 m 以上,地表平坦,河网纵横,渠道密布,沿海多潟湖和沙洲。

1.1.3　气候

尼罗河是世界上最长的河流,流域南北跨越纬度 35°,上、下游气候迥然不同,呈现明显的纬度地带性,复杂的地形地貌也在一定程度上影响着气候带的分布。

位于流域东南部的埃塞俄比亚高原,地形隆起,气候垂直带谱明显,并具有干湿季分明的特点。夏季,北非和阿拉伯半岛上空为低压带,南印度洋吹来的东南信风越过赤道转为西南风,与来自几内亚湾的暖湿气流合并为强大的西南气流,沿高原迎风坡抬升,形成 7~9 月的“强降雨季节”。冬季,盛行来自西南亚大陆干燥的东北风,形成 10 月至翌年 2 月的“旱季”。3~4 月,苏丹位于低压中心,吸引印度洋面的湿润气流,高原大部分地区形成“强降雨季节”前的“小雨季”。高原年平均降水量 1 000~2 000 mm,是尼罗河流域最重要的降雨中心。

流域南部的东非高原地处赤道湖区,太阳辐射强烈,对流天气活跃旺盛,且受来自几内亚湾暖湿气流的影响,雨量充沛,年平均降雨量 1 200~1 300 mm,年内分配均匀,月平均降雨量最大为 180~200 mm,最小为 50~60 mm,没有明显的雨季和旱季,相对湿度约为 70%,是尼罗河流域的另一个降雨中心。

由南苏丹的尼穆莱往北,雨季缩短,雨量递减,等雨线基本上呈纬向分布。南苏丹雨季出现在 4~10 月,苏丹分布于 7~8 月;喀土穆年雨量不足 200 mm,而栋古拉到开罗之间年降雨量小于 25 mm,阿西尤特以南则终年无雨;开罗以北至入海口,受地中海气候的影响,年降雨量从 25 mm 渐增至 200 mm,且多集中在冬季。

1.1.4 河流水系

1.1.4.1 径流特征

尼罗河洪水有定期泛滥的特点,通常苏丹北部 5 月河道开始涨水,8 月河流水位达到最高,之后逐渐下降,每年 1~5 月为低水位。虽然尼罗河洪水具有一定的规律性,但是来水的时空分布也具有差异性,主要原因是青尼罗河和阿特巴拉河的径流主要来自埃塞俄比亚高原的季节性暴雨。尼罗河 80%以上径流发源于埃塞俄比亚高原,其余径流发源于东非高原湖。洪水泛滥时,会淹没两岸农田,消退后留下的淤泥形成肥沃土壤,早在四五千年之前,埃及人就知道如何掌握洪水规律和利用两岸肥沃的土地。

白尼罗河发源于赤道多雨区,水量丰沛而稳定。流出高原进入盆地后,由于地势极其平坦,水流异常缓慢,水中植物延滞水流的前进,在低纬度干燥地区的阳光照射下蒸发强烈,损耗大量水量,汇入尼罗河干流的水量很少。白尼罗河在与青尼罗河汇合处的年平均流量为 890 m^3/s,约为青尼罗河水量的 1/2。尼罗河干流水量主要来自源于埃塞俄比亚高原的索巴特河、青尼罗河和阿特巴拉河,其中以青尼罗河为最重要。索巴特河是白尼罗河支流,5 月开始涨水,最高水位出现在 11 月,此时索巴特河水位高于白尼罗河,顶托后者而使其倒灌,从而加剧白尼罗河上游水量的蒸发。青尼罗河发源于埃塞俄比亚高原上的塔纳湖，上游处于热带山地多雨区，水源丰富，降水有明显的季节性，因此河水流量的年内变化较大。春季水量较小，6 月水位开始上涨，随即快速持续上涨，至 9 月初达到峰值，在此期间，白尼罗河形成倒灌，11～12 月水位回落，之后进入枯水期，枯水期的最小流量不及 100 m^3/s，约为洪水期最大流量的 1/60。阿特巴拉河发源于埃塞俄比亚高原，位于青尼罗河流域的北部，雨量集中，流域面积较小，流量年内分配极不均匀，冬季断流，河床演变为众多小型湖泊。

尼罗河干流较长河段流经沙漠，由于蒸发和渗漏，补给较少，水量损失巨大。虽然尼罗河干流沿途因蒸发、渗漏等因素损失大量径流，但其源头为热带多雨区域，因此河道仍能维持常年流水。

尼罗河干流的洪水于 6 月到达喀土穆，9 月达到最高水位，10 月开罗迎来最大洪峰。尼罗河的全部水量中，60%来自青尼罗河，32%来自白尼罗河，剩下 8%来自阿特巴拉河。洪水期和枯水期有明显差别，在洪水期，尼罗河水量中青尼罗河占 68%，白尼罗河占 10%，阿特巴拉河占 22%；在枯水期，尼罗河水量中青尼罗河下降为 17%，白尼罗河上升到 83%，而阿特巴拉河此时断流，无径流汇入。尼罗河主要支流的水量贡献比例的大小，与各流域的降水多寡、季节分配有密切关系。

1.1.4.2　河段划分

在更新世，朱巴和喀土穆之间曾是一个大湖，湖水由当时已经存在的青尼罗河、白尼罗河补给，之后湖水高出盆地边缘，通过喀土穆以北的峡谷，向北沿着古尼罗河流入地中海，便形成了尼罗河水系。

(1)上游段。乌干达和南苏丹分界处的尼穆莱以上为上游河段，长 1 730 km，自上而下分别称为卡盖拉河、维多利亚尼罗河和艾伯特尼罗河。

尼罗河上游段源自布隆迪的鲁武武河，与尼亚瓦龙古河汇流后称卡盖拉河，流经卢旺达和坦桑尼亚与乌干达的边界地区，注入维多利亚湖。自维多利亚湖北端流出后称维多利亚尼罗河，流经已建闸、坝后，汇入尼罗河水系，进入乌干达境内，之后流入基奥加湖。出基奥加湖向西注入艾伯特湖，落差 400 m。出艾伯特湖后向北，称艾伯特尼罗河，接纳由右岸汇入的阿帕盖尔河,过尼穆莱峡谷后进入南苏丹平原,自尼穆莱起称为白尼罗河。

(2)中游段。从尼穆莱至喀土穆为尼罗河中游,长1 930 km,落差80 m,称为白尼罗河。尼穆莱至马拉卡勒河段又称杰贝勒河;朱巴以下900 km河段流经苏德沼泽区,出沼泽区后,接纳右岸的索巴特河,河流径流量倍增。此后直至喀土穆,河流两岸多为半荒漠地区。

(3)下游段。白尼罗河和青尼罗河在喀土穆汇合后称为尼罗河,属下游河段,长约3 000 km。尼罗河穿过撒哈拉沙漠,在开罗以北进入河口三角洲,在三角洲上分成东、西两支注入地中海。喀土穆至阿斯旺坝流程约1 850 km,落差约290 m,两岸为沙漠地区,其间主要支流是阿特巴拉河。由阿斯旺大坝至开罗流程约900 km,落差很小。从开罗下游20 km处开始,尼罗河进入三角洲地带,面积2.2万~2.4万km^2,河汊及湖泊密布,最大的支流是杜姆亚特河及赖希德河,河长均在200 km左右。

1.1.4.3 主要支流

尼罗河全长6 671 km,支流众多,其主要支流包括白尼罗河、青尼罗河、卡盖拉河、索巴特河和阿特巴拉河等。

(1)白尼罗河:发源于东非高原的布隆迪,全长约3 660 km,流域面积103.68万km^2。尼罗河最上游是卡盖拉河,它发源于布隆迪境内,下游注入维多利亚湖。湖水经欧文瀑布流入基奥加湖,出湖后名为维多利亚尼罗河,又经卡巴雷加瀑布流入阿伯特湖。湖水自北端流出,名阿伯特尼罗河。自尼穆莱以下名白尼罗河。白尼罗河顺东非高原侧坡北流,河谷深狭,多急滩瀑布。自波尔向北,白尼罗河流入平浅的沼泽盆地,水流缓慢,水生植物丰富。白尼罗河向北流出盆地后,先后汇合索巴特河、青尼罗河和阿特巴拉河,以下再无支流。

(2)青尼罗河:是尼罗河的最大支流,全长约1 700 km,流域面积为32.5万km^2。青尼罗河发源于埃塞俄比亚高原戈贾姆高地,向北注入塔纳湖,这一河段称为小阿巴依河。青尼罗河从塔纳湖南端流出后至苏丹边界称阿巴依河,由于熔岩梗阻,向南绕过比尔汉峰(海拔4 154 m),折而向西北进入苏丹境内。

苏丹境内 860 km 流程内河床下降 1 320 m，比降达 1/650。沿途多瀑布急流，其中最著名的是提斯埃萨特瀑布。提斯埃萨特瀑布位于塔纳湖南岸巴哈尔达尔下游约 30 km 处，跌水达 45. 8 m。阿巴依河在埃塞俄比亚境内辗转迂回，沿途接纳许多支流。左岸的巴希罗河、贾马河、穆格尔河、迪德萨河和达布斯河等，河道常年流水；右岸河流较少，且水量小，唯一常年有水的支流是伯莱斯河，坡陡流急。这一河段由于流势湍急，水量损失不大。青尼罗河发源于干湿季分明的埃塞俄比亚高原，水量丰沛，沿途损耗较小，因此其水文特征与白尼罗河截然相反，径流量大、落差集中，流量季节变化和年际变化都很大。

(3)卡盖拉河：发源于非洲东部布隆迪的西南部，由鲁武武河和尼亚瓦龙古河汇流而成，流经坦桑尼亚、卢旺达、乌干达，注入维多利亚湖，长 400 km。上游流经山地，形成鲁苏莫瀑布；下游水流平稳，水量丰富。卡盖拉河是流入维多利亚湖诸河中最长的河流。

(4)索巴特河：是白尼罗河右岸支流，流向自东南向西北，在马拉卡勒以南汇入白尼罗河，由巴罗河与皮博尔河汇流而成。巴罗河全长 730 km，流域面积 25 万 km^2，每年 6~12 月为雨季，最大流量发生在 11 月，河口平均流量 412 m^3/s。

(5)阿特巴拉河：是尼罗河最北部的支流，源自塔纳湖以北的贡德尔地区，河长 1 120 km。主要支流有特克泽河。特克泽河发源于埃塞俄比亚高原东北部，在苏丹境内舒沃克流入阿特巴拉河，流程约 864 km，河床比降 1/800。阿特巴拉河接纳特克泽河后进入苏丹黏土平原，经 500 km 左右的流程在阿特巴拉汇入尼罗河干流，比降为 1/4 000。水文特征：①年平均径流量为 120 亿 m^3；②季节性河流，河水暴涨暴落，流量季节变化大，每年 1~5 月河床干涸，汛期集中在 7~9 月，8 月流量最大，达 2 037 m^3/s；③河流泥沙较多。

1.1.5　土壤与植被

1.1.5.1　土壤

尼罗河流域内土壤有 22 种类型，土壤亚类包含 44 种，主要为红沙壤土、铁铝土、始成土、冲积土、变性土和淋溶土，土壤条件较差，流域内

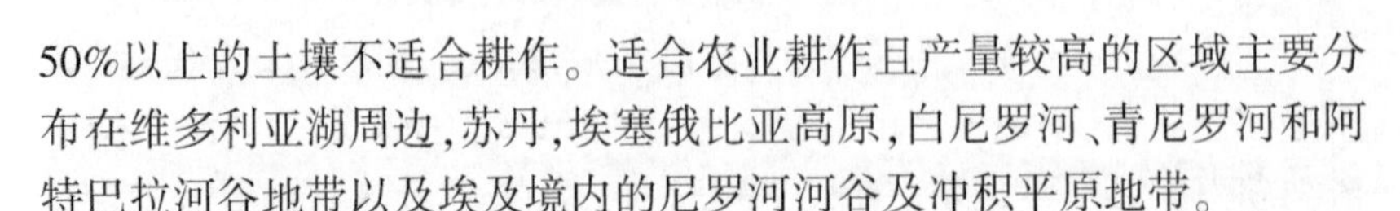

50%以上的土壤不适合耕作。适合农业耕作且产量较高的区域主要分布在维多利亚湖周边,苏丹,埃塞俄比亚高原,白尼罗河、青尼罗河和阿特巴拉河谷地带以及埃及境内的尼罗河河谷及冲积平原地带。

1.1.5.2 植被

尼罗河流域内主要的土地利用类型为林地、建筑用地、草地、水体、灌木林地、裸地和耕地。根据有关资料分析,受人类活动的影响和气候变化的驱动,1990~2010 年,流域内林地、建筑用地、草地和水体面积分别减少了 17.9%、10.1%、4.7%和 1.3%;而灌木林地、裸地和耕地面积分别增加了 1.0%、1.4%和 12.3%。由此可以看出,流域内人类活动与气候变化共同导致了林地面积和草地面积的大量减少,流域生态环境遭受了严重破坏。耕地的开垦造成土质疏松,加之毁林毁草、过度放牧等因素,导致沟头延伸、沟底下切、沟岸扩张、暴雨多、径流集中,水力侵蚀和重力侵蚀都很活跃,使本来不多的林草植被遭到破坏,在农业内部结构中,生态严重失调,自然灾害日渐增多。

1.2 社会经济概况

1.2.1 国家及人口

尼罗河流域共涉及布隆迪、卢旺达、坦桑尼亚、肯尼亚、乌干达、刚果(金)、南苏丹、苏丹、埃塞俄比亚、厄立特里亚和埃及等 11 个国家。2012 年底,流域总人口 2.38 亿人,人口自然增长率为 2.62%,人口密度为 0.74 人/km^2。在总人口中,城镇人口 0.67 亿人,占流域总人口的 28.15%;农村人口 1.71 亿人,占流域总人口的 71.85%。

1.2.2 经济发展概况

1.2.2.1 国内生产总值

2012 年,全流域实现国内生产总值 83.54 亿美元。其中,第一产业 20.61 亿美元,第二产业 25.24 亿美元,第三产业 37.69 亿美元。按流域人口计算,人均 GDP 达 3 492.86 美元。

1.2.2.2　农业生产

2012 年,全流域灌溉面积 502.07 万 hm^2,粮食总产量 9 132.30 万 t。粮食作物以木薯为主,其次为玉米、小麦和土豆等;经济作物主要以香蕉为主,其次为蔬菜。农民人均产粮 53.52 kg。

1.2.2.3　牧渔生产

2012 年,全流域大小牲畜 76 522.45 万头(只)。其中,大牲畜 41 485.85 万头(牛 14 677.51 万头、羊 11 534.21 万头、猪 502.35 万头、骆驼 693.79 万头)、小牲畜 35 036.60 万只(鸡、鸭 33 965.1 万只),牛、羊、猪饲养比例比较大。尼罗河流域水产量为 180 万 t,埃及水产量占整个尼罗河流域水产量的 93%,渔业主要为捕鱼和养殖。尼罗河流域 2012 年社会经济基本情况见表 1-1。

表 1-1　尼罗河流域 2012 年社会经济基本情况

规划分区	面积(km^2)	总人口(百万)	城镇人口(百万)	农村人口(百万)	GDP(亿美元)	第一产业(亿美元)
布隆迪	13 860	5.1	0.56	4.54	0.40	0.13
刚果(金)	21 796	2.6	0.88	1.72	0.08	0.03
埃及	302 452	80.4	34.57	45.83	32.57	4.56
厄立特里亚	25 697	2.1	0.44	1.66	0.23	0.03
埃塞俄比亚	365 318	34.9	5.93	28.97	4.25	1.83
肯尼亚	51 363	17	4.08	12.92	1.84	0.41
卢旺达	20 625	9.3	1.77	7.53	2.09	0.88
苏丹	1 396 230	31.5	8.51	23.00	19.48	6.23
南苏丹	620 626	9.5	3.14	6.37	11.29	3.61
坦桑尼亚	118 507	10.2	1.84	8.36	1.62	0.68
乌干达	240 067	35.4	5.66	29.74	9.27	2.23
合计	3 176 541	238	67.38	170.62	83.13	20.61

续表 1-1

规划分区	第二产业（亿美元）	第三产业（亿美元）	灌溉面积（km^2）	大牲畜（万头）	小牲畜（万只）	粮食产量（万 t）
布隆迪	0.08	0.19	146.25	329.97	518.50	80.21
刚果(金)	0.02	0.03		4 414.70	2 050.00	1 688.00
埃及	12.38	15.96	29 635.81	1 449.45	14 305.00	2 326.38
厄立特里亚	0.05	0.16	150.00	642.31	125.00	11.46
埃塞俄比亚	0.59	1.83	907.69	9 966.12	3 800.00	1 183.68
肯尼亚	0.29	1.14	341.56	4 210.13	3 088.80	513.51
卢旺达	0.29	0.92	176.38	529.95	367.30	574.48
苏丹	5.65	7.60	12 110.06	14 182.71	4 300.00	252.33
南苏丹	3.28	4.40	5 382.94	2 568.01	2 410.52	112.16
坦桑尼亚	0.29	0.65	1 105.44	1 141.49	1 071.48	1 297.34
乌干达	2.32	4.82	251.31	2 051.00	3 000.00	1 092.76
合计	25.24	37.69	50 207.44	41 485.85	35 036.60	9 132.30

第2章 水资源调查评价

2.1 主要水文要素特征分析

2.1.1 降水

2.1.1.1 资料情况

本书水资源调查评价收集和分析计算了尼罗河流域29个水文站降水实测资料。资料来源为全球径流数据中心(GRDC)和联合国粮农组织(FAO),选用水文站资料系列最短3年,最长115年,地域分布均匀,代表性好。

尼罗河流域选用水文站基本情况见表2-1。

表2-1 尼罗河流域选用水文站基本情况

序号	站点号	水系	河名	站名	高程(m)	设站时间(年-月)	资料系列
1	1662100	尼罗河	尼罗河干流	DONGOLA	212	1912-01	1912~1984年
2	1362100	尼罗河	尼罗河干流	EL EKHSASE	20	1973-01	1973~1984年
3	1662200	尼罗河	尼罗河干流	HUDEIBA + HASSANAB		1908-01	1908~1982年
4	1362200	尼罗河	尼罗河干流	ASSIUT	51	1973-01	1973~1984年
5	1362300	尼罗河	尼罗河干流	NAG HAMMADI	69	1973-01	1973~1984年
6	1362400	尼罗河	尼罗河干流	ESNA	80	1973-01	1973~1984年
7	1662500	尼罗河	尼罗河干流	TAMANIAT		1911-01	1911~1982年
8	1362500	尼罗河	尼罗河干流	GAAFRA	85	1973-01	1973~1984年
9	1362600	尼罗河	尼罗河十流	ASWAN DAM		1869-01	1869~1984年

续表 2-1

序号	站点号	水系	河名	站名	高程(m)	设站时间(年-月)	资料系列
10	1663100	尼罗河	青尼罗河	KHARTOUM	363	1900-01	1900~1982 年
11	1563100	尼罗河	青尼罗河	SUDAN BORDER		1969-01	1969~1975 年
12	1663500	尼罗河	青尼罗河	SENNAR		1912-01	1912~1982 年
13	1563500	尼罗河	青尼罗河	NEAR MERAWI	1 900	1978-01	1978~1980 年
14	1563750	尼罗河	青尼罗河	NEAR THE LAKE TANA		1969-01	1969~1975 年
15	1563800	尼罗河	青尼罗河	KESSIE		1976-01	1976~1979 年
16	1663800	尼罗河	青尼罗河	ROSEIRES DAM		1912-01	1912~1982 年
17	1472150	尼罗河	维多利亚尼罗河	PAARA		1948-01	1948~1970 年
18	1472200	尼罗河	维多利亚尼罗河	MBULAMUTI	1 123	1973-01	1973~1979 年
19	1472300	尼罗河	维多利亚尼罗河	OWEN RESERVOIR		1973-01	1973~1982 年
20	1472305	尼罗河	维多利亚尼罗河	JINJA		1946-01	1946~1970 年
21	1673100	尼罗河	白尼罗河	MOGREN		1973-01	1973~1982 年
22	1673150	尼罗河	白尼罗河	DOWNSTREAM OF JEBEL AULIA DAM		1973-01	1973~1982 年
23	1673500	尼罗河	白尼罗河	MELUT		1973-01	1973~1982 年
24	1673600	尼罗河	白尼罗河	MALAKAL	375	1973-01	1973~1982 年
25	1673650	尼罗河	白尼罗河	ABU TONG		1973-01	1973~1982 年
26	1673800	尼罗河	白尼罗河	MALEK		1973-01	1973~1982 年
27	1673900	尼罗河	白尼罗河	MONGALLA		1912-01	1973~1982 年
28	1270800	尼罗河	喀格拉河	KYAKA FERRY		1940-01	1940~1971 年
29	1870800	尼罗河	喀格拉河	RUSUMO	1 290	1965-01	1965~1984 年

2.1.1.2　年内变化特征

经对选用代表站降水量观测资料系列进行统计分析，其不同长度系列的均值、离差系数都比较接近，即资料代表性好。

尼罗河流域赤道附近地区一年四季雨量充沛，其中两个雨季降水量较大，另外两个雨季降水量相对较少。随着纬度增加，两个强雨季之间间隔逐渐缩短，形成一长一短两个旱季，到纬度 15°附近，两个强降水季节合并成一个，较短的旱季消失，季节性越来越明显。乌干达恩德培地处赤道附近，受热带辐合带（ITCZ）影响，一年四季雨量充沛，降雨强度季节性变化明显，见图 2-1（a）。随着纬度增加，两个雨季期间合并成一个，例如埃塞俄比亚巴赫达尔［见图 2-1（b）］和苏丹喀土穆［见图 2-1（c）］，受来自印度洋季风影响，埃塞俄比亚巴赫达尔雨季为每

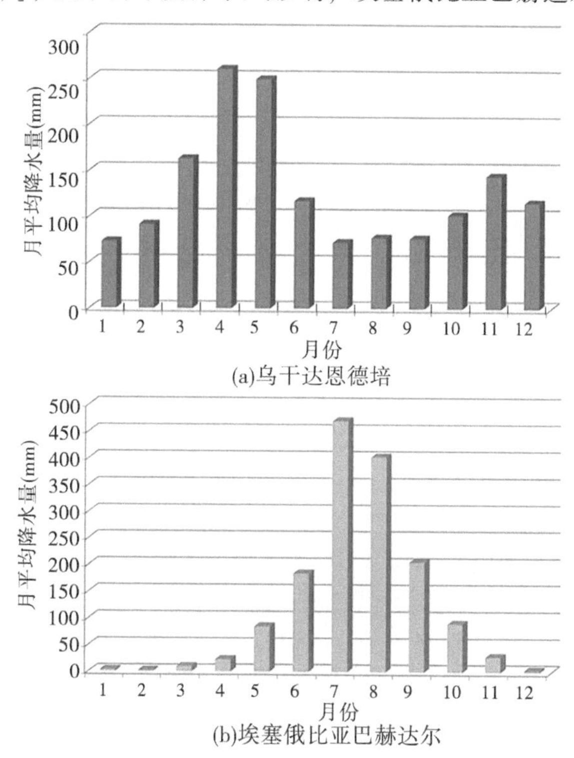

图 2-1　典型城市降水量年内分布

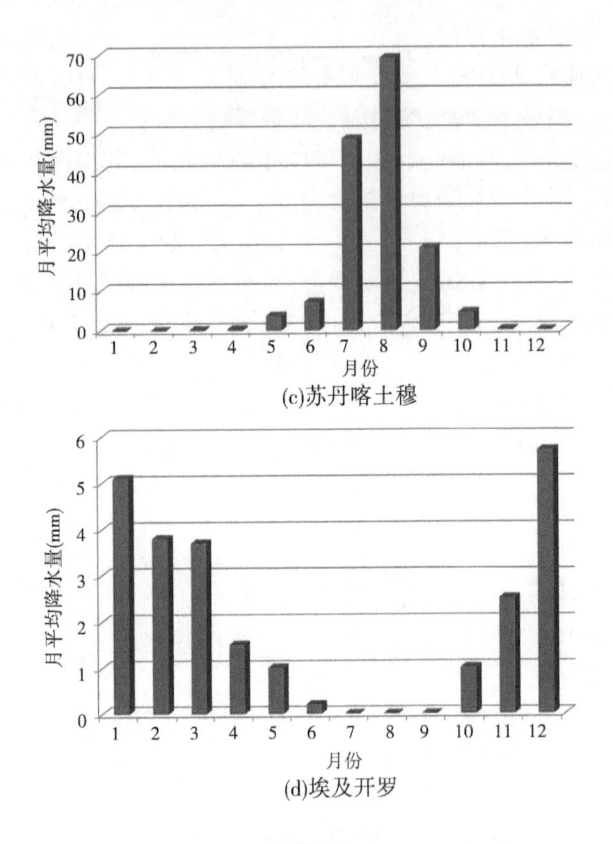

(c)苏丹喀土穆

(d)埃及开罗

续图 2-1

年 6~9 月。与其相反,埃及开罗旱季为每年 6~9 月,是埃及降水量最小季节,见图 2-1(d)。

根据上述雨季分布类型分析:布隆迪、刚果(金)、肯尼亚、卢旺达和乌干达五个国家,一年中有两个雨季,在每年 3~6 月和 9~11 月,降水量占全年降水量的 60%~70%,见图 2-2(a);厄立特里亚、埃塞俄比亚、苏丹和南苏丹一年只有一个雨季,为每年 5~10 月,降水量占全年降水量的 80%~90%,见图 2-2(b);埃及和坦桑尼亚也只有一个雨季,为每年 11 月至翌年 4 月,坦桑尼亚年降水量较大,而埃及降水稀少,年均降水量仅有 15 mm 左右,见图 2-2(c)。

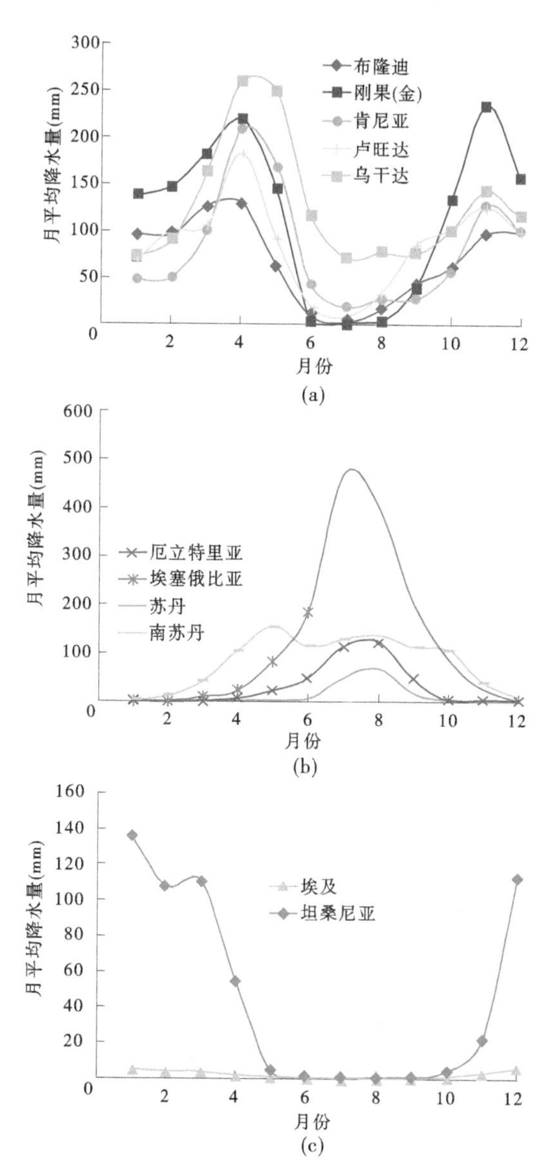

图 2-2　尼罗河流域各国家降水量年内分布

2.1.1.3 降水量

尼罗河流域气候具有明显的区域性和季节性,其主要是由大气运动、空气温度、湿度、纬度等因素变化所致。尼罗河流域多年平均降水量约615 mm,流域内各国家相差很大,埃塞俄比亚高原和赤道湖高原附近国家降水量相对较大,一年四季雨量丰沛;南苏丹至苏丹之间可分为三个降水区:南苏丹南部年均降水量1 200~1 500 mm,中部肥沃黏土平原年降水量400~800 mm,苏丹北部地处沙漠,年降水量只有15 mm,且年内分布不均;而埃及虽靠近地中海,但受大气环流和当地地形因素影响,是尼罗河流域降水量最小国家,年均降水量只有15 mm。尼罗河流域各个国家降水量见表2-2。

表2-2 尼罗河流域各个国家降水量 (单位:mm)

国家	年均降水量		
	最小值	最大值	平均值
布隆迪	895	1 570	1 110
刚果(金)	875	1 915	1 245
埃及	0	120	15
厄立特里亚	240	665	520
埃塞俄比亚	205	2 010	1 125
肯尼亚	505	1 790	1 260
卢旺达	840	1 935	1 105
苏丹	0	1 610	500
南苏丹	300	1 400	970
坦桑尼亚	625	1 630	1 015
乌干达	395	2 060	1 140
全流域	0	2 060	615

2.1.2 蒸发

水面蒸发量是反映当地蒸发能力的指标,主要受气压、气温、地温、

湿度、风速及辐射等气象因素的综合影响。尼罗河流域蒸发量较大区域主要集中在埃及和苏丹,其主要原因是该区域气候炎热干燥,而且水域面积较大。每年从纳赛尔湖(阿斯旺大坝)蒸发损失的水量约为100亿 m^3,约占总库容(900亿 m^3)的11%。埃及每年6月蒸发量最大,12月和1月蒸发量最小;苏丹北部5~6月蒸发量最大,12月和1月蒸发量最小,喀土穆附近受季风影响,4~5月蒸发量最大;南苏丹7~8月是当地雨季,蒸发量最小。尼罗河流域典型站点潜在蒸发观测值见表2-3。

表2-3 尼罗河流域典型站点潜在蒸发观测值 (单位:mm/d)

观测站点	潜在蒸发量	
	皮歇蒸发计	水面
地中海沿岸	6.1	3
尼罗河三角洲	4.6	2.3
开罗	5.5	2.8
法雍	7.9	4
沙漠中的绿洲	13	6.5
埃及南部	9	4.5
南苏丹	15.1	7.6
喀土穆	15.5	7.8
苏丹中部	12.6	6.3
南苏丹(马拉卡尔)	6.8	3.4
艾伯特湖		3.9
爱德华湖		3.9
维多利亚湖		3.8

苏丹苏德湿地对尼罗河流域蒸散发贡献较大,面积3万 km^2,是非洲最大湿地,地势平坦,地面坡度仅0.01%。尼罗河穿过苏德湿地,平坦土地被河水淹没,形成大片沼泽。湿地水域面积大、气候炎热、植被

覆盖度高，导致苏德湿地蒸发和蒸腾速率较大，因此苏德湿地只有不到50%水量流入白尼罗河。

苏德湿地一年内只有一个雨季，集中在每年4~11月，年降水量为800~900 mm，湿地主要沉积平原常年潮湿，雨量变化不大，7月河水开始淹没低洼地区。此外，沉积平原上有许多大大小小的水体，只是旱季时数量和规模略有减少。

2.1.3 洪水

洪水也是尼罗河流域最主要的水文要素之一，主要由复杂多变气候因素和河道径流共同作用形成。洪水在给人类生产生活造成损失的同时，也可以产生正面影响，形成肥沃洪积平原，例如洪水冲积物能够增加土壤肥力、补给地下水和天然灌溉农田，从而降低灌溉成本。

2.1.3.1 尼罗河流域洪水类型

尼罗河流域洪水大致分为以下四种类型：

(1)赤道湖附近山区局部地区强降雨，造成河道水位迅速暴涨，从而引发洪水，这些洪水对洪泛区的农业生产和人民财产造成巨大损失。

(2)湖水水位上涨引起洪水。如1961~1964年维多利亚湖水位上涨，对附近农业、基础设施、港口和运输系统造成严重损失；1997~1998年基奥加湖水位上涨，引起类似洪水，农业生产和进出口贸易受损严重。

(3)苏丹和埃塞俄比亚(尤其在巴罗-阿科博河流域)异常潮湿气候引起的大规模洪水。在1988~1998年，多次发生此类型较为严重的洪水，大规模农田、牲畜、机井、渠道、道路、房屋、学校和医院被毁。

(4)干旱地区突发洪水，主要是干旱地区突发短时强降雨形成洪水，也会产生较大损失。

2.1.3.2 洪水发生时间

夏季，埃塞俄比亚高原强降雨导致尼罗河水急剧增加。每年4月，洪水在南苏丹发生；7月，洪水到达埃及阿斯旺，河水继续上涨；到9月中旬，河道水位达到峰值；10月，洪水到达开罗，之后河水水位开始下降；11~12月水位急剧下降，次年3~5月尼罗河水位最低。阿斯旺大

坝能够有效控制每年反复出现的洪水。

尼罗河洪水量可以根据上游支流和湖泊水资源量估算，维多利亚湖每年收纳 230 亿 m^3 水量，大部分来自卡盖拉河，大量水面蒸发和水量溢出使得湖泊水量达到平衡；河流向下游流入艾伯特湖。

白尼罗河径流量基本全年保持稳定。4～5 月，尼罗河水位最低，来自白尼罗河的水量占尼罗河总水量的 80% 以上。白尼罗河径流基本保持不变，其水源有两个：一是东非高原降水形成的径流，二是来自埃塞俄比亚西南部的水源（巴罗河和阿科博河），先流入索巴特河，最终汇入尼罗河。

造成埃及洪水的主要来源是青尼罗河，发源于埃塞俄比亚的两条主要支流在苏丹汇合，然后汇入尼罗河主河道，6 月河水水位开始增长，9 月初在喀土穆河水水位达到峰值。

阿特巴拉河与青尼罗河同样发源于埃塞俄比亚高原。两条河洪水发生时段基本相同，但是两者之间也有区别，有助于相互补偿。与阿特巴拉河不同，青尼罗河支流变化无常。

随着青尼罗河河水上涨，洪水于 5 月到达苏丹中部，8 月喀土穆平均水位超过 6.1 m。青尼罗河洪水泛滥时，白尼罗河洪水还没有开始，主要原因是苏丹杰贝勒奥里亚大坝的建成有效延缓了白尼罗河的洪峰时段。

7～8 月尼罗河洪水达到其最大洪峰时，每天流入纳赛尔湖的平均流量可达到 7.1 亿 m^3，其中白尼罗河贡献水量占 10% 左右，阿特巴拉河占 20% 左右，而青尼罗河占 70%，次年 5 月河道水量减少。全年洪水期，纳赛尔湖 86% 以上水量发源于埃塞俄比亚高原，剩下 14% 来自东非湖泊高原，由于纳赛尔湖气候炎热干燥，10% 的湖水通过蒸散发消耗。

2.1.3.3　支流对干流洪水的贡献率

尼罗河南苏丹段每年洪水暴发时间和水量不断变化，但总体趋势是 5 月河道水位开始上涨，8 月水位达到峰值，然后开始衰减。埃塞俄比亚高原雨季的强降水是这一地区洪水暴发的直接原因，降水使得大量径流汇入青尼罗河、阿特巴拉河和索巴特河。赤道湖高原地区降水量年内分配均匀，雨季贯穿全年，产流较稳定，因此对洪水贡献较小。据统计，尼罗河全年洪水的86%以上发源于埃塞俄比亚高原，只有不到14%发源于赤道湖高原；而在雨季发源于埃塞俄比亚高原的洪水占95%以上，发源于赤道湖高原的洪水仅占5%。尼罗河流域各支流对干流洪水贡献率对比见表2-4。

表2-4　尼罗河流域各支流对干流洪水贡献率对比

源头	河流	对尼罗河干流洪水的贡献率(%)	
		全年平均	雨季
埃塞俄比亚高原	青尼罗河	59	68
	阿特巴拉河	13	22
	索巴特河	14	5
赤道湖高原	杰贝勒河(白尼罗河)	14	5

2.2　水资源数量

2.2.1　地表水资源量

2.2.1.1　资料情况

尼罗河三大支流中，白尼罗河源于布隆迪的卡盖拉河，该河流下游注入维多利亚湖，之后经欧文瀑布流入基奥加湖，又经卡巴雷加瀑布流入艾伯特湖，之后进入南苏丹。

青尼罗河发源于埃塞俄比亚高原，全长680 km，河水穿过塔纳湖，然后急转直下，形成梯斯塞特瀑布，随后折向西北流入苏丹。白尼罗河与青尼罗河在苏丹喀土穆汇合后，形成尼罗河干流。

阿特巴拉河发源于埃塞俄比亚贡德尔市附近的埃塞俄比亚高原，向西北流入苏丹境内，在青尼罗河以东180 km处与安格勒卜河和特克泽河汇合，全长805 km。

研究过程中对所收集的实测径流资料进行了整理、分析和审核，并

根据区间用水量，分别对径流进行了还原计算。

2.2.1.2 河川径流及变化趋势

1.径流年内分配

根据径流资料分别绘制了主要水文站断面多年平均流量的年内分配图。维多利亚尼罗河多年平均流量年内分配见图2-3、白尼罗河多年平均流量年内分配见图2-4、青尼罗河多年平均流量年内分配见图2-5，尼罗河干流多年平均流量年内分配见图2-6。

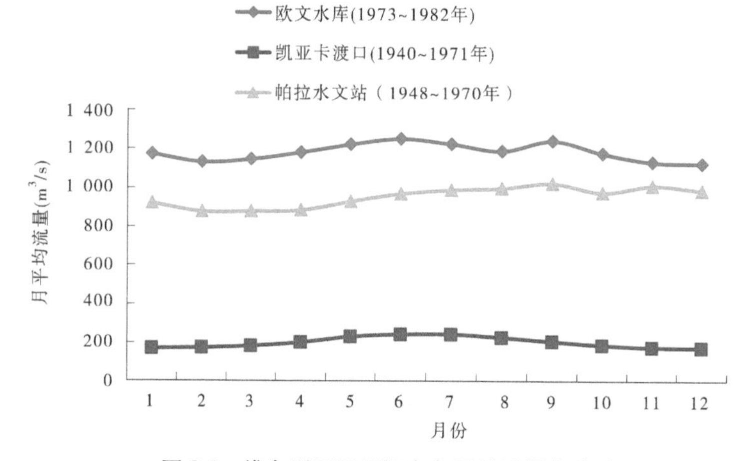

图2-3 维多利亚尼罗河多年平均流量年内分配

径流年内分配受河流补给类型、流域自然地理特征以及干湿条件影响，差异较大。尼罗河与边界河流补给主要以大气降水为主，径流过程与降水过程基本相对应。

从图2-3~图2-6可以看出，维多利亚尼罗河地处赤道湖高原附近，径流年内分配均匀，没有明显的旱季和雨季之分；白尼罗河径流年内分配具有较明显的季节变化，中上游段（迈卢特和蒙加拉站）每年3~5月径流量较小，5~11月径流量较大，而下游河段受杰贝勒奥里亚大坝的影响，径流年内分配不同于中上游，出现两个汛期和两个非汛期，汛期分别为每年的3~5月和9月至翌年1月，非汛期为每年的2~3月和6~8月；青尼罗河径流年内分配的季节变化非常明显，每年汛期（7~10月）径流量占年径流量的65%~85%，非汛期（11月至翌年6

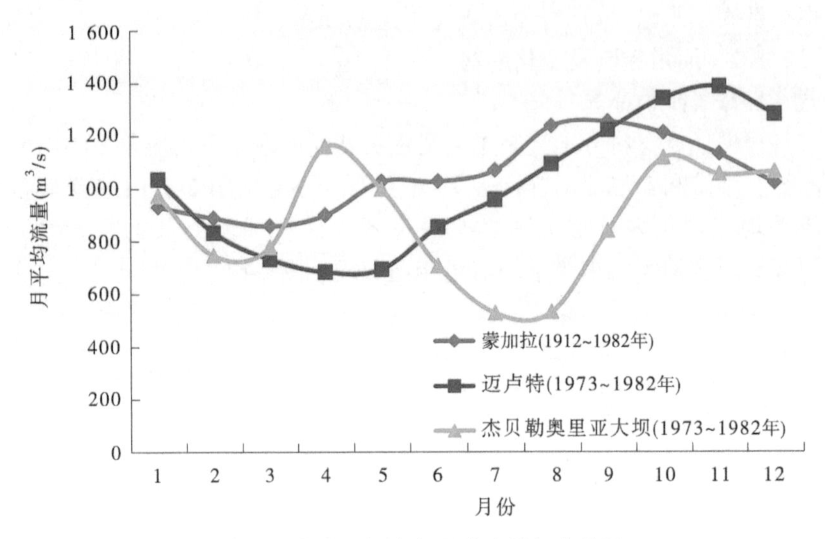

图 2-4　白尼罗河多年平均流量年内分配

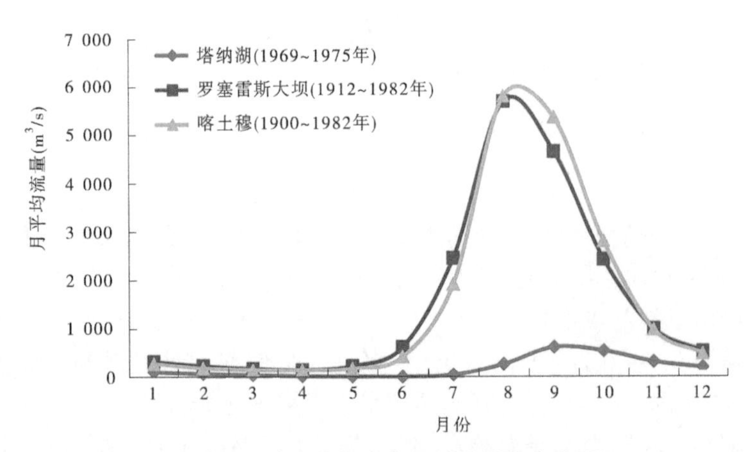

图 2-5　青尼罗河多年平均流量年内分配

月)径流量占年径流量的比例在 15%~35%;尼罗河干流径流年内分配规律与青尼罗河相似,年内分配不均,旱季、雨季十分明显,汛期为每年 7~11 月,非汛期为每年 12 月至翌年 6 月。

从径流年内分配和不同时段径流统计图可以看出,青尼罗河和尼

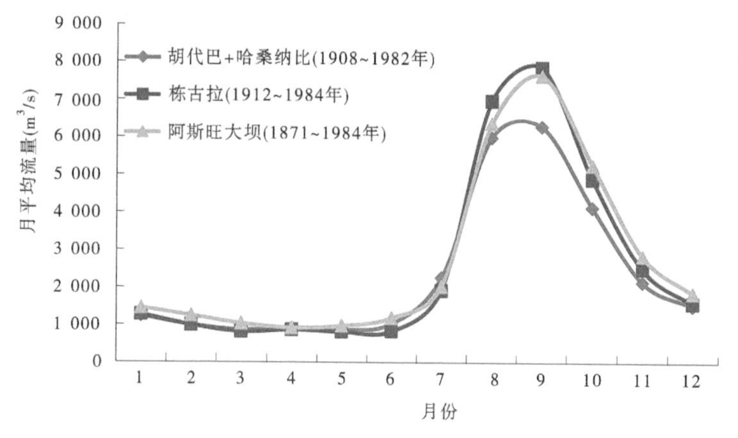

图 2-6　尼罗河干流多年平均流量年内分配

罗河干流径流量年内分配极不均匀，汛期径流量大，说明年径流主要由洪水组成。

2. 径流年际变化

受降水量年际变化的影响，尼罗河径流量不仅年际变化大，同时有连续丰水年和连续枯水年的现象发生。维多利亚尼罗河帕拉水文站历年径流量过程线见图 2-7。

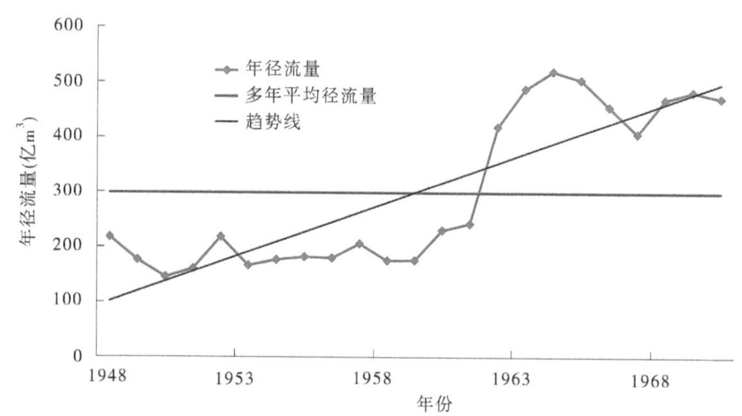

图 2-7　维多利亚尼罗河帕拉水文站历年径流量过程线

从图 2-7 可以看出,维多利亚尼罗河 1948~1961 年为相对枯水年,其间平均径流量 189.58 亿 m^3,为多年平均径流量 298.33 亿 m^3 的 64%;1962~1970 年为相对丰水年,该段平均径流量为 467.50 亿 m^3,为多年平均径流量的 1.57 倍。

白尼罗河蒙加拉水文站历年径流量过程线见图 2-8。

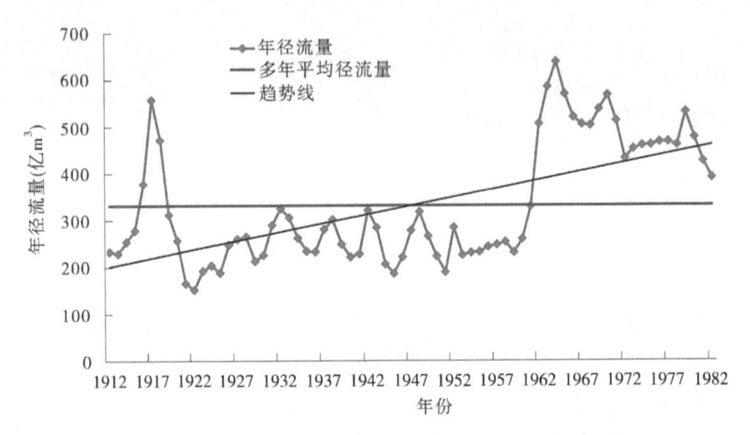

图 2-8　白尼罗河蒙加拉水文站历年径流量过程线

从图 2-8 可以看出,白尼罗河 1919~1961 年为相对枯水年,其间平均径流量 247.68 亿 m^3,为多年平均径流量 331.21 亿 m^3 的 75%;1962~1982 年为相对丰水年,该段平均径流量为 498.28 亿 m^3,为多年平均径流量的 1.51 倍。

青尼罗河喀土穆水文站历年径流量过程线见图 2-9。

从图 2-9 可以看出,青尼罗河年际径流变化波动较大,1902~1961 年为相对平水年,其间平均径流量 525.90 亿 m^3,为多年平均径流量 493.11 亿 m^3 的 1.07 倍;1962~1982 年为相对枯水年,该段平均径流量为 399.41 亿 m^3,为多年平均径流量的 81%,径流变化呈逐渐减少趋势。

尼罗河干流栋古拉水文站历年径流量过程线见图 2-10。

从图 2-10 可以看出,尼罗河干流年际径流变化波动较大,1912~1961 年为相对平水年,其间平均径流量 863.60 亿 m^3,为多年平均径流量 826.84 亿 m^3 的 1.04 倍;1962~1984 年为相对枯水年,该段平均径流量为 746.92 亿 m^3,为多年平均径流量的 90%;径流变化呈逐渐减少趋势。

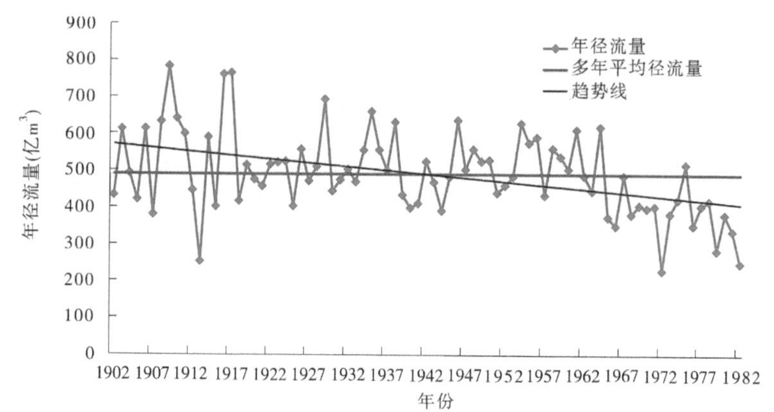

图 2-9　青尼罗河喀土穆水文站历年径流量过程线

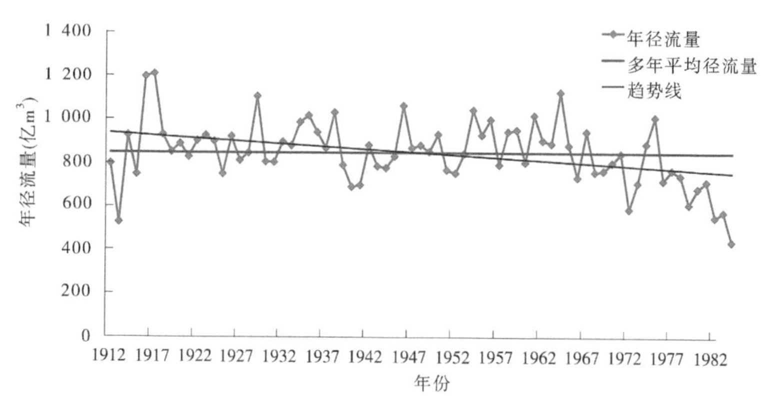

图 2-10　尼罗河干流栋古拉水文站历年径流量过程线

对比青尼罗河和尼罗河干流径流量年际变化图可以看出，尼罗河干流径流变化规律与青尼罗河基本一致，青尼罗河对尼罗河干流的贡献占很大的比例。

2. 2. 1. 3　地表水资源量

根据尼罗河流域流经的 11 个国家，按照收集到的资料，分析各国家多年平均地表水资源量。经计算，尼罗河流域多年平均自产水资源量为 1 257. 17 亿 m³，流域水资源较为丰富，但各地区之间分配严重不均，年内分布也不均匀。其中，布隆迪自产资源量 49. 69 亿 m³，刚果

(金)0.74 亿 m^3,埃及 1.52 亿 m^3,厄立特里亚 5.70 亿 m^3,埃塞俄比亚 383.19 亿 m^3,肯尼亚 17.49 亿 m^3,卢旺达 79.81 亿 m^3,苏丹 145.16 亿 m^3,南苏丹 84.23 亿 m^3,坦桑尼亚 101.55 亿 m^3,乌干达 388.09 亿 m^3。可见流域内自产水资源量最大的国家是乌干达,埃塞俄比亚地处尼罗河主要源头之一的埃塞俄比亚高原,水资源丰富,产流面积广阔,自产水资源量位居第二;苏丹虽然降水量不大,但由于产流面积较大,自产水资源在流域内排第三;自产水资源量最小的国家是刚果(金)。尼罗河各国家地表水资源量计算结果见表 2-5。

表 2-5 尼罗河各国家地表水资源量 (单位:亿 m^3)

国家	入境水量	自产	合计
布隆迪	24.80	49.69	74.49
刚果(金)	34.90	0.74	35.64
埃及	840.00	1.52	841.52
厄立特里亚	35.00	5.70	40.70
埃塞俄比亚	0	383.19	383.19
肯尼亚	100.00	17.49	117.49
卢旺达	0	79.81	79.81
苏丹	823.80	145.16	968.96
南苏丹	366.20	84.23	450.43
坦桑尼亚	122.70	101.55	224.25
乌干达	270.00	388.09	658.09
全流域		1 257.17	3 874.57

2.2.2 地下水资源数量

本次地下水资源数量评价资料来源于全球径流数据中心(GRDC)、联合国粮农组织(FAO)和《尼罗河流域状况 2012》。

2.2.2.1 水文地质构造

萨克利夫和帕克斯(1999)研究了尼罗河流域 600 万年之前的地形地貌,并绘制了概化图,其主要研究方向是流域内地表高程的变化。

尽管成果为尼罗河流域水文地质特征研究提供了基础,但是地下水研究需要对全流域和局部地区含水层结构进行详细的勘测,特别是 600 万年以来地壳构造运动和气候变化对地下水运动的影响,反过来地下水直接或间接补给过程、地下水对尼罗河河道补给以及地下水与湿地之间的水力联系也会对尼罗河流域水文特征产生影响。图 2-11 为尼罗河流域水文地质结构图。

2.2.2.2　水文地质分区

在详细分析尼罗河流域之前,有两个方面内容需要说明。一是含水层补给的范围和类型,二是含水岩层的含水特性。尼罗河流域大部分地区为干旱、半干旱气候,降水历时较短且范围较小,因此利用日降水、月降水和年降水数据定量分析其对水文的响应难度极大,特别是估算含水层补给量与降水之间的响应关系。根据多年降水数据分析,热带地区直接入渗补给的降水分界值为 600 mm。降水量低于 600 mm 时,直接入渗补给量不稳定,并且不能进行预测;降水量高于 600 mm 时,补给量将呈几何级数增长,能够预测;降水量大于或等于 1 200 mm 时,有效的含水层储水量可能成为降水入渗补给是否被含水层容纳的影响因子。

除赤道地区外,尼罗河流域降水一般限于几个月,一年可以明确地分为雨季和旱季。随着气候越来越干燥,雨季降水在数量和时空分布上的变异性逐渐增大。尼罗河流域半干旱-半湿润地区每年的降水量小于 600 mm,不同区域的主要差别是雨季降水持续时间和降水天数不同。在此条件下,年直接入渗补给量将反映该区降水类型,并且补给量差别也十分显著。在降水量较大年份,降水入渗补给量占降水量百分比为 0~10%不等。在半干旱地区,一年仅有 3~5 次暴雨,每次持续只有几个小时,半干旱-干旱地区径流的间接入渗补给是该区含水层的主要补给来源。

根据上述尼罗河流域降雨入渗补给的分析,尼罗河流域可分为六个较大的水文地质单元。

(1)维多利亚尼罗河区。

维多利亚尼罗河区位于赤道附近的区域,包括基奥加高原到南苏

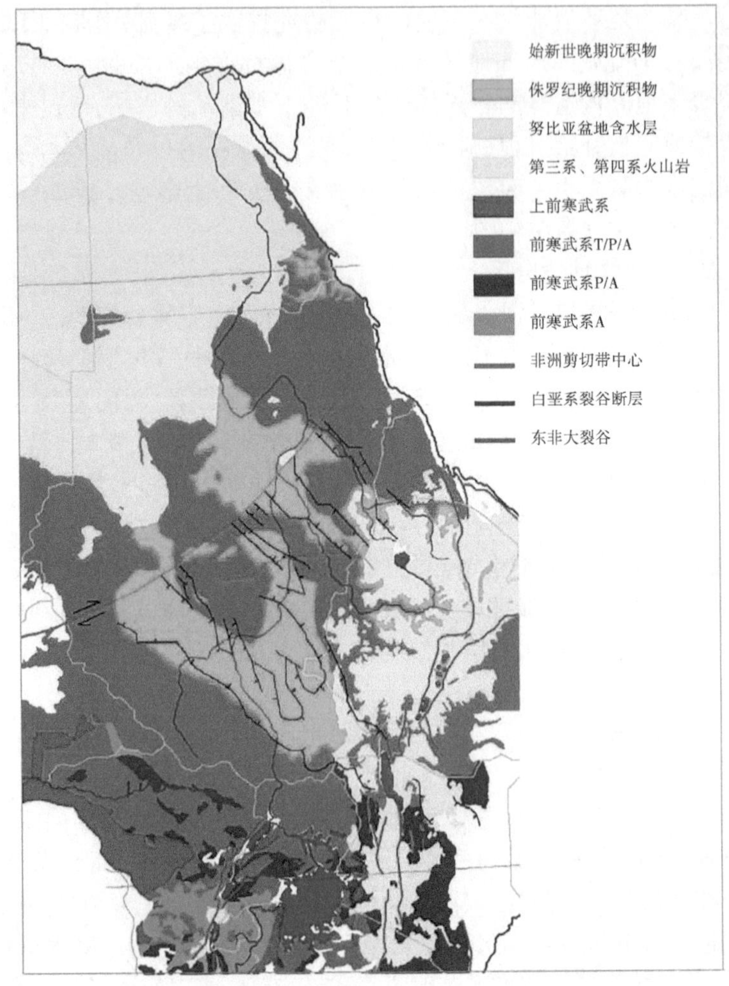

图 2-11　尼罗河流域水文地质结构

丹边界苏德湿地以上部分，其地层属前寒武纪基底构造，在雨季，通常浅层含水层和不连续含水层受降水入渗补给，随后排泄至干流河道。以在卡盖拉河出流的基流为例，基流量占卡盖拉河年径流量的 40%～45%，约为 63 亿 m^3。恩佐亚河子流域地下水对于流入维多利亚湖的河流贡献十分明显，该区降水量约为 1 200 mm，大约有 50 mm 基流补给当地地下水。基奥加河汇入艾伯特湖之前基流分割表明，风化带含

水层中地下水出流的贡献大小基本保持不变。

（2）苏丹尼罗河区。

苏德湿地对于流域来说是水文学和水文地质学之间的重要连接点。尼罗河干流和加扎勒河上中游流域，地表水和浅层地下水通过塌陷沉积在季节性湿地上循环流动。尽管沉积沼泽在上游基岩和苏德沼泽间穿插，但是通过加扎勒河水文站点资料分析，可能会有地下水潜流。尽管该区域降水量在 1 100 mm 左右，降水量向北逐渐递减，但是大部分浅层地下水在循环过程中蒸发损失。基流对索巴特河地下水的贡献量仅为年均径流量的 10%（135 亿 m^3）。上游流域径流主要由基流产生，中、下游子流域位于由后白垩系冲积物构成的构造拗陷，这些区域季节性地下水存储和释放十分显著，因此索巴特河部分径流通过构造拗陷流到北部的马查平原区。

（3）苏德下游区。

所有支流汇入白尼罗河后，在马拉卡尔河基流所占比例较为明显，大约 120 亿 m^3，白尼罗河年均径流量为 300 亿 m^3。下游马拉卡尔到青尼罗河之间是侏罗纪和白垩纪沉积物构成的断层拗陷构造，对地下水流抑制十分明显。比较马拉卡尔和莫格伦（上游青尼罗河汇合点），壤中流和地下水基流沿着白尼罗河持续增加，马拉卡尔为 120 亿 m^3，莫格伦约为 150 亿 m^3。沿苏丹南部和中部裂谷盆地的水文地质单元具有相对较深的含水层，在努比亚盆地流入尼罗河。索巴特河和青尼罗河之间的侧向补给受限于埃塞俄比亚高地—努巴山区之间的平原地区，主要原因是年降水量减少到 400～450 mm，降水入渗补给受到限制，补给仅发生在季节性洪水期间。地下水化学研究也表明，在表层沉积层的补给较为活跃，偶尔会涌入尼罗河。

（4）青尼罗河和尼罗河干流区。

青尼罗河和尼罗河干流区是埃塞俄比亚高地和半干旱环境阿特巴拉河流域的过渡区，其典型特点是降水入渗补给较少。局部地下水对塔纳湖的贡献率占塔纳湖入流量的 15%～17%。由于降水入渗对地下水的补给量随着降水量减少而减少，即使部分区域年降水量高于阿特巴拉河流域，但是通过水化学分析和同位素分析，可以忽略降水入渗补给量。青尼罗河流域罗赛雷斯大坝年均河道径流量487亿m^3,其中地下水基流补给量仅为20亿~25亿m^3。青尼罗河下游峡谷区由于有限地下水存储和较高蒸发损失,基流曲线迅速下降。水文地质资料表明,青尼罗河和白尼罗河交汇处河水对于部分地下水含水层有补给作用。

(5)尼罗河瀑布区。

阿特巴拉河汇流处以下尼罗河区,地下水含水层系统在向西北倾斜的古含水层梯度作用下,由逐渐增厚的努比亚含水层流向利比亚和埃及西部绿洲。栋古拉下游,地下水溢出努比亚含水层西部边缘之前,尼罗河横切努比亚隆起基地岩床,因此努比亚含水层和尼罗河之间几乎没有水力联系。

(6)埃及尼罗河区。

尼罗河河水通过阿斯旺大坝后,进入淤积峡谷,最终分散流入尼罗河三角洲。在天然状态下,尼罗河与由更新世和全新世冲积含水层构成的Eonile淤积峡谷之间的水力联系十分明显。红海丘陵区内的小溪流间歇性补给冲积含水层,对该区地下水补给十分重要。

2.2.2.3 地下水水力联系

1. 地下水补给来源

尼罗河流域地下水补给变化范围很大,部分区域年补给速率只有几毫米,部分区域年补给量达到400 mm左右,补给速度取决于区域降水时空分布、地形地貌、渗透系数和地表水分布。

维多利亚湖附近结晶基岩含水层的年补给速度约为6 mm,而乌干达中部基奥加湖盆地的年补给速度为200 mm。埃塞俄比亚高原水文地质条件极其复杂,各地区之间地下水补给和排泄相互作用也十分复杂,前寒武系基岩含水层年补给速度不到50 mm,而渗透性较好的火山岩沉积含水层年补给速度超过300 mm。

努比亚砂岩含水层系统地下水为原生水,渗透速度很小,需要经过很长时间才能渗透到深层含水层。努比亚含水层地下水主要来自尼罗河局部地区河水补给、山区降水补给以及青尼罗河、尼罗河干流地下水通过裂缝补给。由于地层渗透性、土壤水蒸发以及向深层含水层渗漏等因素,地下水补给量与含水层中地下水资源量相比显得微乎其微。

埃及莫格拉含水层包括潜水含水层和承压含水层，地下水补给主要为下层努比亚砂岩含水层的向上补给和降水补给。埃及尼罗河三角洲为松散沉积物含水层，渗透补给速度较大，每年超过 400 mm，主要为河床渗漏补给和灌溉渗漏补给。

2. 流域地下水与尼罗河水力联系

一般来说，南苏丹苏德湿地周围并且与尼罗河有水力联系的饱和含水层是尼罗河常年基流的主要来源，在苏丹境内渗透补给速度降低，地质构造抑制了前更新世含水层水量的出流。然而第四系含水层和全新统含水层（主要冰积扇）的侧向排泄流入白尼罗河、青尼罗河和阿特巴拉河，青尼罗河盆地由于地质结构的限制，除少部分沉积含水层外，尼罗河与苏丹之间的水力联系很少，边界条件为古含水层水力梯度。阿斯旺下游尼罗河峡谷的局部冲积含水层水力联系紧密，为尼罗河三角洲和峡谷地带提供了充足的水资源。

2.2.2.4　地下水资源量

通过对收集资料的分析，尼罗河流域总地下水资源量为 1 229.77 亿 m^3，其中潜水水资源量为 1 096.00 亿 m^3，承压水水资源量为 133.77 亿 m^3。从各个国家的拥有量来看：布隆迪 76.90 亿 m^3（潜水 74.70 亿 m^3，承压水 2.20 亿 m^3），占全流域的 6.25%；刚果（金）38.77 亿 m^3（潜水 38.30 亿 m^3，承压水 0.47 亿 m^3），占全流域的 3.15%；埃及 52.10 亿 m^3（潜水 13.00 亿 m^3，承压水 39.10 亿 m^3），占全流域的 4.24%；厄立特里亚 5.00 亿 m^3（潜水 5.00 亿 m^3，无承压水），占全流域的 0.41%，是全流域地下水资源量最少的国家；埃塞俄比亚 217.30 亿 m^3（潜水 200.00 亿 m^3，承压水 17.30 亿 m^3），占全流域的 17.67%；肯尼亚 48.30 亿 m^3（潜水 35.00 亿 m^3，承压水 13.30 亿 m^3），占全流域的 3.93%；卢旺达 70.90 亿 m^3（潜水 70.00 亿 m^3，承压水 0.90 亿 m^3），占全流域的 5.77%；苏丹 80.70 亿 m^3（潜水 48.50 亿 m^3，承压水 32.20 亿 m^3），占全流域的 6.56%；南苏丹 35.80 亿 m^3（潜水 21.50 亿 m^3，承压水 14.30 亿 m^3），占全流域的 2.91%；坦桑尼亚 312.30 亿 m^3（潜水 300.00 亿 m^3，承压水 12.30 亿 m^3），占全流域的 25.39%，是全流域地下水资源量最丰富的国家；乌干达 291.70 亿 m^3（潜水 290.00 亿 m^3，承压水 1.70

亿 m³),占全流域的 23.72%。尼罗河流域地下水资源量见表 2-6。

表 2-6 尼罗河流域地下水资源量

国家	潜水 (亿 m³)	承压水 (亿 m³)	合计 (亿 m³)	占全流域比例 (%)
布隆迪	74.70	2.20	76.90	6.25
刚果(金)	38.30	0.47	38.77	3.15
埃及	13.00	39.10	52.10	4.24
厄立特里亚	5.00	0	5.00	0.41
埃塞俄比亚	200.00	17.30	217.30	17.67
肯尼亚	35.00	13.30	48.30	3.93
卢旺达	70.00	0.90	70.90	5.77
苏丹	48.50	32.20	80.70	6.56
南苏丹	21.50	14.30	35.80	2.91
坦桑尼亚	300.00	12.30	312.30	25.39
乌干达	290.00	1.70	291.70	23.72
全流域	1 096.00	133.77	1 229.77	100.00

2.2.3 水资源总量

本次水资源总量按式(2-1)计算:

$$W = R + P_r - R_g \tag{2-1}$$

式中:W 为水资源总量;R 为地表水资源量;P_r 为地下水资源量;R_g 为地表水资源与地下水资源重复量。

尼罗河流域面积 317.65 万 km²。经计算,尼罗河多年平均水资源总量 1 490.04 亿 m³,其中地表水资源量为 1 257.17 亿 m³,地下水资源量 1 229.77 亿 m³(包括潜水 1 096.00 亿 m³,承压水 133.77 亿 m³),地表地下水资源重复量 996.90 亿 m³,不重复量 232.87 亿 m³。尼罗河流域总水资源量计算成果见表 2-7。

表 2-7　尼罗河流域总水资源量计算成果　（单位：亿 m^3）

国家	地表水资源量		地下水资源量			地表地下重复量	水资源总量
	入境	自产	潜水	承压水	小计		
布隆迪	24.80	49.69	74.70	2.20	76.90	74.70	76.69
刚果(金)	34.90	0.74	38.30	0.47	38.77	38.20	36.21
埃及	840.00	1.52	13.00	39.10	52.10	0	893.62
厄立特里亚	35.00	5.70	5.00	0	5.00	4.00	41.70
埃塞俄比亚	0	383.19	200.00	17.30	217.30	180.00	420.49
肯尼亚	100.00	17.49	35.00	13.30	48.30	30.00	135.79
卢旺达	0	79.81	70.00	0.90	70.90	70.00	80.71
苏丹	823.80	145.16	48.50	32.20	80.70	34.60	1 015.06
南苏丹	366.20	84.23	21.50	14.30	35.80	15.40	470.83
坦桑尼亚	122.70	101.55	300.00	12.30	312.30	260.00	276.55
乌干达	270.00	388.09	290.00	1.70	291.70	290.00	659.79
全流域		1 257.17	1 096.00	133.77	1 229.77	996.90	1 490.04

第3章 水资源开发利用现状

3.1 主要水利工程

3.1.1 总述

气候变化与变异,引起尼罗河流域水资源数量波动,当这种波动发生时,可以安全地假定流域可获得水资源量将不会增加。但是,流域内人口增长已超过水资源承载能力,使得有限的水资源必须在越来越多的人之间分配。因此,这使得水资源的可持续管理至关重要,包括在本国内部以及相关的流域国家。而发展水利工程是水资源有效管理的一种很好的方式,将促进流域国家水资源高效管理和合理配置,为区域经济社会的可持续发展提供支撑。根据相关资料调查与分析,尼罗河流域水利工程的发展正在持续之中,尤其是河岸国家。尼罗河流域涉及的主要水利工程有水文站、水坝、水库、灌溉工程和其他分(分洪)工程,如图3-1所示。尼罗河流域水库和水坝特征见表3-1。

3.1.2 水库与水坝

3.1.2.1 阿斯旺低坝

阿斯旺低坝,又称旧阿斯旺坝,于1899~1902年建于尼罗河流域的第一瀑布,距离上游1 000 km,距离东南的开罗690 km,位于尼罗河流域埃及的阿斯旺市。阿斯旺低坝被设计成重力砌筑支墩坝,修建目的为减少洪水,以支撑下游社会经济的可持续发展。阿斯旺低坝是当时世界上最大的土石坝。坝支撑部分包括许多出口,这些出口能疏通洪水和富营养沉积物,每年几乎没有任何沉积物被滞留。同时,在坝西岸边设计了一个船闸,船只可以通过上游和第二瀑布,满足水陆联运需

求。由于涉及菲来岛庙,最初的设计影响大坝高度,建造后不久发现不能充分阻止洪水,不能充分满足发展需求。在1907~1912年加高5 m,

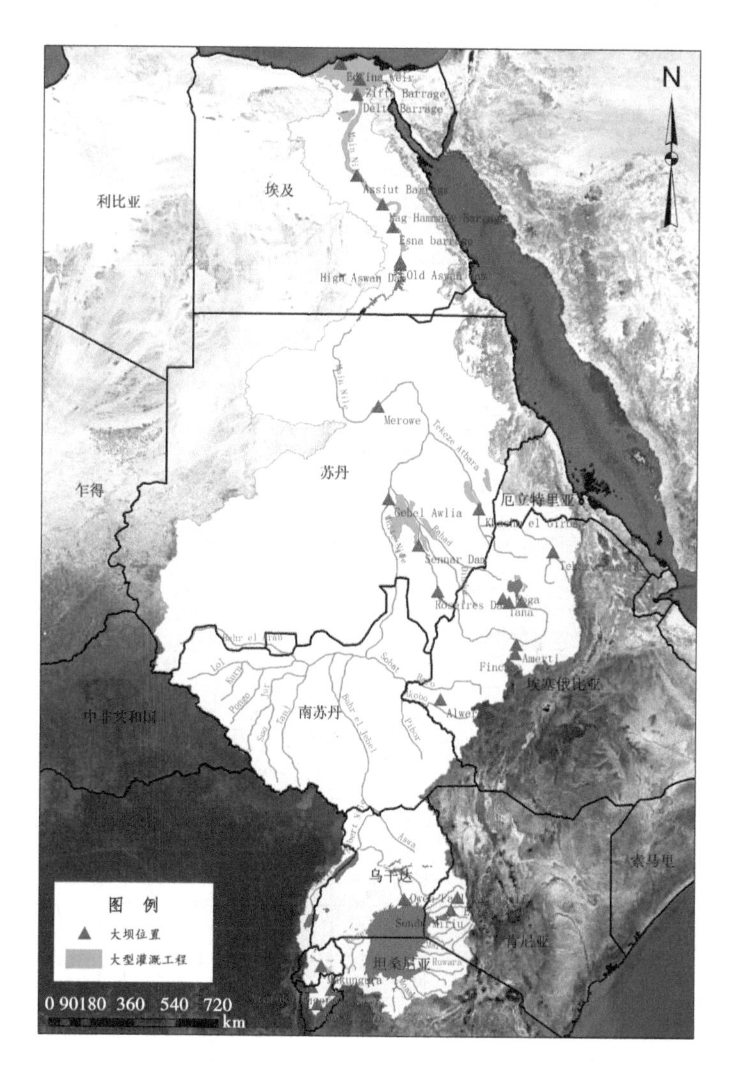

图3-1 尼罗河流域主要水利工程

表 3-1　尼罗河流域水库和水坝特征

序号	坝和溢洪道												水库				
	名称	国家	位置	坐标	状态	动工时间	完工时间	坝类型	高度（m）	长度（m）	上游汇入	泄洪流量（m^3/s）	名称	库容（亿 m^3）	水面面积（km^2）	正常水位（m）	水库长度（km）
1	阿斯旺高坝	埃及	埃及	23°58′14″N 32°52′40″E	运行	1960	1970	黏土心墙堆石坝	111	3 830	尼罗河	11 000	纳赛尔水库	1 689	5 250	183	550
2	阿斯旺低坝	埃及	埃及	24°02′02″N 32°51′57″E	运行	1899	1902	重力支撑坝	36	1 950	尼罗河		纳赛尔湖尾水	53			
3	特克泽坝	埃塞俄比亚	提格雷省省会麦卡里	13°20′40″N 38°44′43″E	运行	2002	2009	对数螺旋双曲拱坝	188	710	特克泽河		特克泽水库	94			
4	埃塞俄比亚复兴大坝	埃塞俄比亚	本尚古勒-古马兹州	11°12′51″N 35°05′35″E	运行	2011	2017	碾压混凝土重力坝	170	1 800	青尼罗河		千年水库	630			
5	麦洛维大坝	苏丹	麦洛维	18°40′08″N 32°03′01″E	运行	2003	2009	混凝土面板堆石坝	65	9 230	尼罗河		麦洛维水库	124.5			
6	杰贝勒奥里亚坝	苏丹	接近喀土穆		运行	1933	1937			5 000	白尼罗河		杰贝勒奥里亚水库	3.77			

续表 3-1

序号	坝和溢洪道												水库				
	名称	国家	位置	坐标	状态	动工时间	完工时间	坝类型	高度(m)	长度(m)	上游汇入	泄洪流量(m^3/s)	名称	库容(亿 m^3)	水面面积(km^2)	正常水位(m)	水库长度(km)
7	上阿特巴拉赛提联合坝	苏丹	苏丹	14°16′36″N 35°53′49″E	运行	2011	2016		鲁美拉 55 布达纳 50	13 000	阿特巴拉河和赛提河	鲁美拉 4 900，布达纳 9 400		30		517.5	
8	海什姆吉尔拜坝	苏丹	海什姆吉尔拜	14°55′31.29″N 35°54′28.30″E	运行	1960	1964	重力黏土心墙坝	47	80 000	阿特巴拉河	1 000~7 700	海什姆吉尔拜水库	13	125	473	80
9	罗赛雷斯大坝	苏丹	罗赛雷斯镇	11°47′53″N 34°23′15″E	运行	1961	1966	混凝土坝	78	24 410				74	290		
10	森纳尔坝	苏丹	森纳尔		运行	1925			40	3 025							
11	布加嘎里水电站坝	乌干达	布加嘎里	00°29′51″N 33°08′24″E	运行	2007	2012	重力坝			尼罗河						
12	欧文瀑布坝	乌干达						混凝土重力坝	31		维多利亚尼罗河	1 275	欧文瀑布水库	2 048	43 500		

在 1929~1933 年加高 9 m，加高后的坝长度达到 1 950 m，为城市和机场之间贸易交换提供主要线路，同时电力生产能力有所增加，但仍然不能满足控制洪水的要求，因此 1960 年开始在旧坝上游 6.4 km 处建立了阿斯旺高坝。随着上游高坝的建立，低坝通过洪水沉积物的能力丧失，以前旧坝水库水位也有所降低。

3.1.2.2 阿斯旺高坝

阿斯旺高坝，又称阿斯旺大坝，位于埃及开罗以南 900 km 的阿斯旺城附近，是一座大型综合利用水利枢纽工程，具有灌溉、发电、防洪、航运、旅游、水产等多种效益。工程于 1960 年开工，1970 年 7 月 21 日完工，历时 10 年，耗资 10 亿美元。1964 年一期工程结束后便开始蓄水，1976 年水库蓄水达到设计水位。

大坝为黏土心墙堆石坝，坝顶全长 3 830 m，坝底宽 980 m，顶部宽 40 m，最大坝高 111 m，动用土石 4 300 万 m^3，属于大型重力坝。水库总库容 1 689 亿 m^3，相应水位 183 m，其中死库容约 310 亿 m^3，水电站运行的最低设计水位为 147 m，调节库容 900 亿 m^3，相应水位为 147~175 m；最大防洪库容 473 亿 m^3，相应水位 175~183 m。水库回水总长约 500 km，在埃及境内长约 300 km，称为纳赛尔湖，在苏丹境内长约 200 km，称为努比亚湖。水库总面积 6 751 km^2。水库防洪标准采用千年一遇洪水设计，洪峰流量 15 100 m^3/s，相应洪量为 1 340 亿 m^3；万年一遇洪水校核，洪峰流量 17 000 m^3/s，相应洪量为 1 520 亿 m^3。水库安装有 12 组 175 MW 发电机，总功率为 2 100 MW，设计年发电量 100 亿 kW·h。1967 年开始发电，1998 年发电量占埃及总发电量的 15%，最高峰时发电量占埃及全国的一半，甚至可向邻国输出电力。

工程建设实现了对尼罗河干流径流的多年调节，有效减小了 1964 年、1973 年的大洪水及 1972~1973 年和 1983~1984 年旱灾造成的危害。水库的建成对埃及的社会发展起到了巨大的作用，其南面 500 多 km 河段上形成的纳赛尔湖为埃及合理利用水源提供了保障，供应了埃及一半的电力需求，并阻止了尼罗河水每年的泛滥。

3.1.2.3 特克泽坝

特克泽坝位于埃塞俄比亚西北部提格雷(Tigray)省省会麦卡里西南约140 km的特克泽河中游。坝址处汇流面积约为30 390 km^2,距埃塞俄比亚首都亚的斯亚贝巴760 km。工程于2002年开工。

特克泽水库大坝为对数螺旋双曲拱坝,坝顶高程1 145.0 m,坝底高程957.0 m,最大坝高188.0 m,坝顶宽度5.6 m,坝顶轴线长425 m。特克泽水电站内装4台7.5万kW立轴混流式水轮机,装机总容量30万kW,总库容94亿m^3。该水电站是埃塞俄比亚发展经济、造福民生的一项重要工程,电站集水利、发电、灌溉等功能于一体,是该国最大的水电站,被称为埃塞俄比亚的"三峡工程"。

3.1.2.4 艾斯尤特拦河坝

艾斯尤特拦河坝位于尼罗河埃及上游的艾斯尤特市,距离南部开罗400 km。艾斯尤特拦河坝建于1898~1903年,横穿尼罗河,距离阿斯旺高坝560 km,修建目的是引水至埃及最大的灌溉渠易卜拉欣米耶渠。

艾斯尤特拦河坝是一个土石坝,长约844 m,两侧延伸到河岸两边,坝体总长度为1 200 m,在坝上有111个5 m跨度的弓形口,借助4.9 m高的水闸实现启闭。桥墩和拱门被建立在一个宽27 m、厚3.0 m的岩石平台上,为防止平台被破坏,平台被上下游两侧线性铸铁舌和打板桩凹槽所保护。易卜拉欣米耶渠渠首调控结构,有与艾斯尤特拦河坝同样的结构、类似的设计,仅仅在闸墩的宽度和闸门的宽度上有所区别。

3.1.2.5 埃塞俄比亚复兴大坝

埃塞俄比亚复兴大坝,又称千年大坝,位于埃塞俄比亚青尼罗河,在本尚古勒-古马兹州地区,距离东部苏丹边界40 km。

埃塞俄比亚复兴大坝是碾压混凝土重力坝,坝长1 800 m,坝高170 m,水库库容为630亿m^3。大坝建有2座发电厂房,厂房安装在河道左、右岸坝趾处,分别配置5台混流式水轮发电机组和10台混流式水轮发电机组,总装机容量为 5 250 MW。在整个工程的枢纽布置中,1 条混凝土衬砌闸控溢洪道和 1 座长 5 km、高 50 m 的鞍形坝均布置在左坝肩。

3.1.2.6 麦洛维大坝

麦洛维大坝,又称麦洛维高坝,是尼罗河干流上继埃及阿斯旺大坝后兴建的第二座大型综合水利枢纽。大坝位于非洲苏丹的北部,苏丹首都喀土穆以北约 480 km,北方贸易重镇卡瑞玛东北 27 km,距北方首府麦洛维市 40 km。

麦洛维大坝属于混凝土面板堆石坝,也是世界上最长的大坝,以发电为主,兼顾灌溉,库容 124.5 亿 m^3。坝顶高程 303 m,最高运行水位 300 m,最低运行水位 285 m,最大坝高约 65 m。单机容量 12.5 万 kW,总共 10 台机组,总发电容量为 125 万 kW(1 250 MW),灌溉面积达 7 万 hm^2,受益人口 400 多万人。整个坝体总长约 9 230 m,分布的主要坝型有:左右岸面板堆石坝、左右岸土堤、左右岸灌溉取水口、左岸黏土心墙坝及混凝土坝段。大坝工程合同开工时间为 2003 年 6 月 15 日,要求完工时间为 2008 年 6 月 30 日,由于多种原因,工程延迟到 2009 年 3 月 3 日正式发电。

3.1.2.7 杰贝勒奥里亚坝

杰贝勒奥里亚坝,又称杰贝尔大坝,位于喀土穆以南 50 km 的白尼罗河,是苏丹建造历史比较悠久的水利工程,大坝建于 1933~1937 年英埃共管时期,库容 3.77 亿 m^3,坝长 5 km。水库大坝安装 80 台 380 kW 涡轮发电机组,总装机容量 30 400 kW。

3.1.2.8 上阿特巴拉赛提联合坝

上阿特巴拉赛提联合坝位于苏丹东南部,在上阿特巴拉河与赛提河交汇处上游约 20 km 处,距离南部的海什姆吉尔拜坝 80 km,处在苏丹、厄立特里亚和埃塞俄比亚三国交界处,距离苏丹首都喀土穆 460 km,距离苏丹港 659 km,是一对联合体坝,包括上阿特巴拉河的鲁米拉坝和赛提河的博达纳坝。

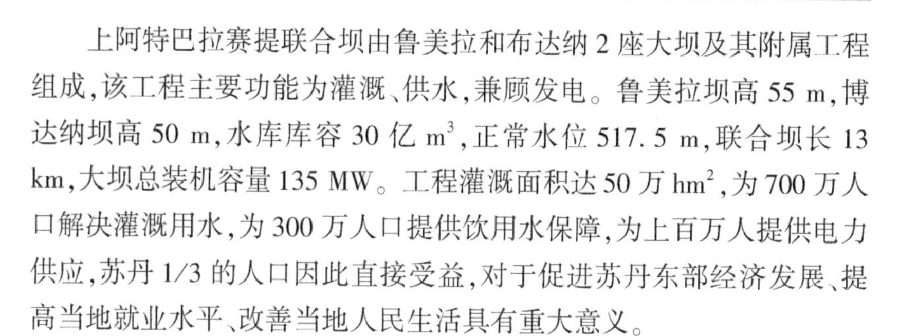

上阿特巴拉赛提联合坝由鲁美拉和布达纳2座大坝及其附属工程组成，该工程主要功能为灌溉、供水，兼顾发电。鲁美拉坝高55 m，博达纳坝高50 m，水库库容30亿 m^3，正常水位517.5 m，联合坝长13 km，大坝总装机容量135 MW。工程灌溉面积达50万 hm^2，为700万人口解决灌溉用水，为300万人口提供饮用水保障，为上百万人提供电力供应，苏丹1/3的人口因此直接受益，对于促进苏丹东部经济发展、提高当地就业水平、改善当地人民生活具有重大意义。

3.1.2.9　海什姆吉尔拜坝

海什姆吉尔拜坝位于苏丹东南部阿特巴拉河，距离海什姆吉尔拜4 km，主要为下游农田提供灌溉用水，还用于发电和城镇供水。海什姆吉尔拜坝是一个重力黏土心墙坝，坝高47 m，坝长80 km，水库库容13亿 m^3，总装机容量10 MW。

海什姆吉尔拜水库1964年库容达到13亿 m^3，正常水位473 m，水库长80 km，由于沉积物影响，1977年库容变为6.6亿 m^3，丧失了一半库容。水库库容丧失，引起水资源在干旱年的严重短缺，导致灌溉面积下降，同时有限的储水量导致发电仅在洪水期进行。

3.1.2.10　罗赛雷斯大坝

罗赛雷斯大坝坐落于青尼罗河，位于苏丹首都喀土穆以南550 km的苏丹青尼河省达马津市的罗赛雷斯镇，是一座以灌溉、防洪、发电为目标的工程。工程分两期建设，第一期工程于1961～1966年建成，建成最大坝高57 m的大坝，形成库容30亿 m^3 的水库，正常设计水位481 m，最低运行水位467 m，库容23.62亿 m^3，可灌溉面积55万 hm^2，向曼吉尔灌区、赖海德灌区以及青尼罗河沿岸灌区供水，设计装机容量21万 kW。第二期工程计划将坝加高10 m，库容增至74亿 m^3，可增加杰济拉和曼吉尔灌区受益面积14.3万 hm^2，新发展提水灌溉面积28.1万 hm^2、自流灌溉面积8.4万 hm^2。正常蓄水位480 m时，水库回水长约80 km，最大水深50 m，面积约127 km^2。每年10月10日开始蓄水，3～4周蓄满，12月下旬至翌年5月中旬放水，库水位维持在467 m。

枢纽建筑物包括大坝、溢洪道、深泄水孔和电站厂房等。大坝由中间的混凝土坝段和两侧的土坝组成,混凝土坝段为支墩坝形式,坝长 1 030 m,坝顶高程 482.5 m,支墩头部为“T”形,标准支墩的中心间距为 14 m,支墩坝段两端的过渡段为重力坝段形式,左、右岸土坝分别长 11 000 m 和 4 000 m。表面溢洪道分为 7 孔,底槛高程 463.7 m,每孔由 10 m 宽、13 m 高的弧形闸门控制,消力池长 90 m、宽 40 m、高 6.5 m。深泄水孔分为 5 孔,底槛高程 435.5 m,每孔由 6 m 宽、10.5 m 高的弧形闸门控制。溢洪道和深泄水孔的总泄流量为 17 350 m^3/s。厂房坝段的支墩,中心间距为 18 m。

3.1.2.11 森纳尔坝

森纳尔坝位于青尼罗河中游苏丹森纳尔附近,它是苏丹最古老的大坝。大坝始建于 1925 年,坝高 40 m、长 3 025 m,蓄水能力 9.3 亿 m^3,主要为杰济拉平原提供灌溉用水。近年来,已经对大坝进行了加固与修复,作为杰济拉灌溉计划的一部分,其工作主要包括对水闸进行了翻新和安装了独立的出水口,同时对灌溉渠道进行了翻新。

3.1.2.12 布加嘎里水电站坝

布加嘎里水电站坝位于维多利亚尼罗河,位于金贾市西北 9.7 km 处,接近布加嘎里瀑布,处在布伊奎区西部与津加区东部的交界。工程始建于 2007 年,完工于 2012 年。大坝总装机容量 250 MW。

3.1.2.13 欧文瀑布坝

欧文瀑布坝位于乌干达维多利亚湖省的维多利亚尼罗河,在金贾市北维多利亚尼罗河欧文瀑布处。欧文瀑布水库为世界上库容最大的水库,总库容达 2 048 亿 m^3。坝址以上控制流域面积 26.8 万 km^2,最小流量 300 m^3/s,最大流量 1 229 m^3/s,水库最高水位 1 134.9 m,最低水位 1 131.9 m。库面积 43 500 km^2,有效库容 680 亿 m^3。水库主要用途为灌溉和发电。

大坝为混凝土重力坝,最大坝高 31 m,坝顶高程 1 136.75 m,顶长 831 m,坝顶公路宽 6.7 m,人行道宽 1.5 m。大坝中部设 6 处调泄水底

孔,平板闸门高 5 m、宽 3 m,作用水头 20 m,总泄流量 1 275 m^3/s,水流经底孔挑射到大坝下游约 30 m 处,可防止水流冲刷主体建筑物附近的河床。电站建于左岸峭壁的下游侧,地面厂房内共安装 10 台单机容量 1.5 万 kW 的涡轮式水轮机组,单机引水流量 90 m^3/s,发电机电压 11 kV,通过变压器升压到 33 kV 和 132 kV。

3.1.2.14　安格勒卜水库

安格勒卜水库位于埃塞俄比亚高原尼罗河流域支流安格勒卜河,始建于 1986 年。安格勒卜流域具有高山地形、植被覆盖稀少、水土流失严重等特点。因此,严重的土壤侵蚀导致水库淤积,并影响水库的供水潜力。

安格勒卜河多年平均径流量为 0.27 亿 m^3。据测定,安格勒卜测站悬浮沉积物较高,多年平均悬浮沉积物排泄量在 1983~1989 年被估计为 76 800 t,严重影响了依靠水库进行的交通运输。因此,交通运输被集中于 6~10 月的洪水期。同时,估计多年平均沉积率在安格勒卜水库为 1 200 t/km^2,并以此预计水库的使用寿命丧失了 15%,严重影响了水库的运行水平,也影响了人们的生活水平。

3.1.3　水电站

尼罗河流域共有水电站 54 座。其中,埃及 2 座、埃塞俄比亚 3 座、苏丹 5 座、乌干达 20 座、卢旺达 5 座、布隆迪 5 座、肯尼亚 14 座。尼罗河流域水电站特征见表 3-2。

3.1.4　重点灌溉工程

3.1.4.1　苏丹灌溉工程

苏丹有 480 万 hm^2 土地具有灌溉潜力,但是有限的水资源限制了灌溉面积的发展,当前有 168 万 hm^2 面积有大的灌溉计划,实际灌溉面积总计达到 200 万 hm^2。随着琼莱运河的完成,苏丹获得了更多的水资源,同时增加了灌溉面积。

表 3-2　尼罗河流域水电站特征

序号	名称	国家	位置	坐标	状态	开始运转年份	发电机组	装机容量（MW）
1	阿斯旺高坝	埃及	埃及	23°58′14″N 32°52′40″E	运行	1970	12	2 100
2	阿斯旺低坝	埃及	埃及	24°02′02″N 32°51′57″E	运行	1902	11	592
3	特克泽坝	埃塞俄比亚	提格雷省省会麦卡里	13°20′40″N 38°44′43″E	运行	2009	4	300
4	埃塞俄比亚复兴大坝	埃塞俄比亚	本尚古勒-古马兹州	11°12′51″N 35°05′35″E	在建	2023（已蓄水）	15	5 250
5	巴莱斯水电站	埃塞俄比亚	接近塔纳湖	11°49′10″N 36°55′08″E	部分运行	2010	4	460
6	麦洛维大坝	苏丹	麦洛维	18°40′08″N 32°03′01″E	运行	2009	10	1 250
7	杰贝勒奥里亚坝	苏丹	接近喀土穆		运行	1937	80	30. 4
8	上阿特巴拉赛提联合坝	苏丹	苏丹	14°16′36″N 35°53′49″E	运行	2016	6(各 3)	135
9	海什姆吉尔拜坝	苏丹	海什姆吉尔拜	14°55′31. 29″N 35°54′28. 30″E	运行	1964	2	10
10	罗赛雷斯大坝	苏丹	罗赛雷斯镇	11°47′53″N 34°23′15″E	运行	2013（加高运行）	7	280

续表 3-2

序号	名称	国家	位置	坐标	状态	开始运转年份	发电机组	装机容量（MW）
11	埃各比民卡电站	乌干达	永贝区	03°30′00″N 31°12′00″E	被提议		4	20
12	阿亚哥	乌干达	阿亚哥恩沃亚区	02°21′47″N 31°55′12″E	运行	2020		600
13	布高耶电站	乌干达	卡塞塞区	00°18′00″N 30°06′02″E	运行	2009	2	13
14	布加嘎里水电站	乌干达	布加嘎里	00°29′51″N 33°08′24″E	运行	2012	5	250
15	布塞茹喀电站	乌干达	荷耶玛	01°33′18″N 31°09′00″E	运行	2013	3	9
16	伊辛巴水电站	乌干达	伊辛巴卡穆利	00°56′24″N 32°57′54″E	计划			140
17	卡努古	乌干达	卡努古	00°55′50″S 29°43′52″E	运行	2011		6.6
18	卡鲁玛	乌干达	卡鲁玛	02°14′35″N 32°14′42″E	运行	2020		600
19	凯拉	乌干达	津加区	00°27′00″N 33°11′08″E	在建	2003	5	200
20	姆普昂嘎	乌干达	姆普昂嘎	00°04′52″N 30°22′52″E	运行	2011		18

续表 3-2

序号	名称	国家	位置	坐标	状态	开始运转年份	发电机组	装机容量（MW）
21	姆布库Ⅰ	乌干达	卡塞塞区	00°19′07″N 30°06′00″E	运行	20世纪50年代	2	5
22	姆布库Ⅲ	乌干达	姆布库卡塞塞区	00°15′48″N 30°07′12″E	运行	2008	4	10
23	穆济济	乌干达	恩代加区和荷耶玛区	00°57′54″N 30°32′42″E	被提议		4	26
24	纳录巴奥	乌干达	吉萨埃	00°26′37″N 33°11′06″E	运行	1954	15	380
25	尼雅卡	乌干达	迫达	02°25′52″N 30°58′28″E	运行	2012	3	3.5
26	尼雅卡Ⅱ	乌干达	迫达	02°30′00″N 30°59′24″E	被提议		2	5.0
27	尼雅卡Ⅲ	乌干达	迫达	02°27′00″N 30°58′48″E	被提议		2	4.36
28	基思兹	乌干达	基思兹	00°59′44″S 29°57′45″E	运行	2008	1	0.3
29	瓦基	乌干达	玛思迪区	01°38′04″N 31°10′16″E	计划		2	5
30	凯卡噶逖电站	乌干达	卡基拉伊辛吉罗区	01°01′48″S 30°40′48″E	计划		4	16
31	鲁苏莫	卢旺达	鲁苏莫区	02°22′57″S 30°47′00″E	计划	2024	4	80

续表 3-2

序号	名称	国家	位置	坐标	状态	开始运转年份	发电机组	装机容量（MW）
32	尼亚巴隆哥	卢旺达	穆汉嘎区	02°15′36″S 29°36′00″E	运行	2016	3	28
33	纳卢卡	卢旺达	纳卢卡		运行	1959		11.5
34	姆孔戈瓦	卢旺达	姆孔戈瓦		运行	1982		12
35	鲁卡拉拉电站	卢旺达	鲁卡拉拉		运行	2010		9.5
36	穆杰雷	布隆迪	穆杰雷		运行	1982		8
37	卢嘎茹电站	布隆迪			运行	1991		18
38	布班扎	布隆迪	布班扎		运行	2015		10
39	卡布	布隆迪	卡布兰特瓦河		运行	2017		20
40	姆勒	布隆迪			在建	2022		16.5
41	奴杜拉电站	肯尼亚			运行	1924		2.0
42	梅斯克	肯尼亚			运行	1930		0.4
43	塔纳湖	肯尼亚			运行	1954		14.4
44	弯基电站	肯尼亚			运行	1954		7.4
45	索塞尼电站	肯尼亚			运行	1955		0.4
46	萨嘎纳电站	肯尼亚			运行	1956		1.5
47	戈戈	肯尼亚			运行	1957		2

续表 3-2

序号	名称	国家	位置	坐标	状态	开始运转年份	发电机组	装机容量（MW）
48	钦达鲁马	肯尼亚	塞文福克斯		运行	1968		72
49	卡姆布如电站	肯尼亚			运行	1974		100
50	马辛加	肯尼亚			运行	1981		40
51	凯姆呗瑞电站	肯尼亚			运行	1988		168
52	特克韦尔河	肯尼亚		1°55′0″N 35°20′30″E	运行	1991		106
53	吉塔鲁	肯尼亚			运行	1999		225
54	松高罗	肯尼亚			运行	2007		60

苏丹的灌溉始于 20 世纪 20 年代。建于 20 世纪的杰济拉灌溉工程，是当时世界上最大的灌溉工程，灌溉面积约 90 万 hm^2。青尼罗河、白尼罗河之间广大的杰济拉平原具备发展大面积自流灌溉农业的优越条件。1925 年，青尼罗河上建成森纳尔坝，库容 7.8 亿 m^3，从此自流灌溉取代了机泵提水灌溉，植棉面积迅速扩大；1951～1952 年，森纳尔坝加高扩建，库容增至 9.3 亿 m^3。1958～1959 年，杰济拉灌区面积已达 42 万 hm^2。苏丹独立后又在杰济拉灌区西酉开辟曼吉尔灌区。自 1957 年起至 1963 年分五个阶段建成，总计发展灌溉面积 25 万 hm^2。为了满足新增灌区的农业用水，1961～1966 年又在森纳尔坝上游兴建规模更大的罗赛雷斯大坝，大坝初期坝高 57 m，库容达 30 亿 m^3，后加高至 68 m，库容增至 74 亿 m^3，灌溉面积 553 hm^2。

由于管理不善，而且缺乏必要的维修保护，苏丹现有灌溉工程效率低下，生产能力严重降低。其他灌溉工程有建于1960~1970年的赖哈德灌溉工程、新哈勒法灌溉工程和凯纳纳灌溉工程，而凯纳纳灌溉工程是所有灌溉工程中最为成功的一个，具有良好的社会效益、经济效益和环境效益。

赖哈德灌区位于杰济拉灌区东南赖哈德河岸，南北长160 km、东西宽15~25 km，总面积3 160 km^2，可开垦面积27万 hm^2。该灌区利用青尼罗河水，采取提水灌溉和自流灌溉相结合的方式进行灌溉。1973年在赖哈德筑坝蓄洪。由于该河为季节性河流，旱季河床干涸，水库蓄水不敷旱季灌溉需要，为此在青尼罗河畔的米拉兴建一座非洲最大的电泵站，抽取青尼罗河水，通过一条长84 km、深2.5 m的干渠送往灌区。此外，该工程还包括修建10座大桥、108座中小桥梁、9座泄洪站以及52个灌溉闸门。

凯纳纳灌区位于喀土穆以南约300 km，青尼罗河、白尼罗河之间的广大热带灌丛草原，从罗赛雷斯水库开始沿青尼罗河西岸修筑渠道，发展自流灌溉，开垦土地50万 hm^2。目前，利用白尼罗河水进行提水灌溉。工程包括兴建4座大型水泵站、干渠29 km、支渠279 km以及配水建筑物500处。提水高程40 m，干渠引水流量4.2 m^3/s。

整体上，苏丹灌溉工程在尼罗河国家是相对有效和合理的。

3.1.4.2　琼莱运河工程

苏德是南苏丹最大的湿地，尼罗河从苏德流过644 km，由于蒸发而损失大量的水资源。在干旱季节，湿地大约有8 300 km^2面积成为永久湿地，在4~10月的湿润季节，苏德湿地所覆盖面积达到80 000 km^2。每年的洪水是湿地生态系统的主要组成部分，对区域动植物起至关重要的作用，同时确保尼罗河流域人们的生活用水。

为了解决苏德沼泽地区因蒸发而产生的水量损失问题，同时为下游提供灌溉用水，兴建了琼莱调水工程。工程以琼莱以南70 km的博尔作为起点，至白尼罗河与索巴特河汇合处马拉卡勒。运河全长350

km,底宽46~52 m,深4.5 m,边坡1:2,总共挖掘土方8 700万m^3。引水流量230 m^3/s,相当于杰贝勒河在蒙加拉平均流量的1/4。工程分三期施工。第一期工程于1978年6月开始。除开挖运河外,在运河首尾分别建节制闸以控制进出水量。运河竣工后由于苏德湿地地区蒸发水量减少,尼罗河在马拉卡勒的年径流量将增加47亿m^3,由埃及、苏丹两国平分。

琼莱运河的经济效益十分明显:①净增水量使得埃及和苏丹的灌溉面积增加30万hm^2,并增加了下游水电站的发电量;②运河和宰拉夫河之间地区免遭河水泛滥淹没;③改善沿河地区牧草生长,并提供永久性水源,从而扩大放牧面积;④开辟新的内河航线,缩短朱巴—马拉勒尔航程约300 km,修建了马拉卡勒到博尔的全天候公路,有助于苏丹南部地区开发。

工程产生的环境影响也不容忽视:①原有水文情况发生了改变;②减少了沼泽放牧,影响当地部落的游牧生活;③对渔业、水生生物、虫害和疾病具有长期影响。

3.1.4.3 埃及新河谷工程

埃及新河谷工程,又称托西卡工程,位于纳赛尔湖西南部,工程是一个渠系系统,从纳赛尔湖提水去灌溉埃及西部沙漠地区。该工程开始于1997年,这个项目是埃及现代史中最富有雄心的工程,如果按规划完成,埃及国土可居住的面积将由目前的不到5%增加到25%,可耕地面积由目前的336万hm^2增加到478.80万hm^2。全部工程包括:在纳赛尔湖边的托西卡建1座日抽水量达2 500万m^3的巨型扬水站(最大年抽水量60亿m^3),修建总长850 km的总干渠和9条分干渠构成的灌溉网。通过灌溉渠道将西部沙漠中的可耕地和6个主要绿洲连为一体,构成新河谷及新三角洲。整个工程完工后,开发面积将达2 600万hm^2,46%的西部沙漠土地将得到开发利用。在这个大开发区内计划安置移民300万人,因此除兴建农业区外,还将建立工业区、商业区、居民生活区、旅游区,修建铁路、公路等基础设施以吸引人们迁往新河

谷,减轻老河谷承受的压力。

新河谷第一期工程计划投资约17亿美元,开垦土地42万 hm^2。其中,托西卡地区23.1万 hm^2,东奥维纳特8.4万 hm^2,新河谷省绿洲10.5万 hm^2。因后两个地区主要是利用地下水灌溉,目前主要工程集中在托西卡地区。工程的主要内容包括:在纳赛尔湖的西岸建设一个号称世界上最大的泵站,装备21台大型水泵,以300 m^3/s 的流量将水提升52 m,流入谢赫扎耶德人工灌渠;干渠宽30 m、深7 m、长30 km,加上支渠总长168 km。据报道,2012年完成了先期工程——谢赫·塞义德运河后,剩余工程因各种原因,基本停止了。

3.1.4.4　埃及易卜拉欣米耶渠道工程

易卜拉欣米耶渠道是建于1873年的一个灌溉渠道,长350 km,是世界上最大的人工渠道之一,从尼罗河流域提水。它是当时新成立的公共建筑工程部执行完成的最重要的公共工作,主要为总督甘蔗园提供长期灌溉,灌溉面积40万 hm^2,渠道下泄水量在夏季为30~80 m^3/s,在洪水期为500~900 m^3/s。

3.1.4.5　埃及西奈北部发展工程

埃及西奈北部发展工程即埃及西水东调工程,工程主要有三部分:①苏伊士运河以西渠道;②穿苏伊士运河输水隧洞;③西奈北部输水工程。工程包括萨拉姆水渠、达米埃塔船闸和水坝,目的是开垦苏伊士运河西侧92 400 hm^2 土地,以及已经灌溉的75 600 hm^2 土地,同时通过谢赫·阿里萨比渠开垦苏伊士运河东侧168 000 hm^2 土地。

西奈北部发展工程从尼罗河三角洲地区起建萨拉姆渠,引尼罗河(杜米亚特河)水东调,在东调中加入排水(灌溉回归水),萨拉姆渠到苏伊士运河段长约87 km,调水从苏伊士运河底下经隧洞立交穿过,继续东调175 km直达阿里什干河谷,连同运河西段,西水东调工程主干线全长262 km。西奈北部发展工程基本是在沙漠地区进行的,建设条件艰苦,但工程设计标准高,施工质量好,为减少渗漏损失,输水工程采取混凝土全断面衬砌,引进成套渠道衬砌设备进行施工,渠道削坡,混凝土浇筑、振捣、切割分缝等全部机械化作业。

3.1.4.6 埃及西三角洲区域工程

西三角洲区域工程是西三角洲地区修建的一个基础工程，目的是改善21万hm^2灌溉面积，开垦7.14万hm^2灌溉面积和恢复已有基础设施并服务于10.5万hm^2灌溉面积。这个工程是基于DBO模式的公私合股混合计划。在这种模式下，一个私人经营者将设计和建设这个系统，并且运行30年，包括工程相关需求和遇到的商业风险，而公共部门将拥有这个工程的资产。根据世界银行的要求，工程决策过程从设计到执行到使用，都要通过用水者委员会，同时工程收入来自于2/3税收，包括基于土地面积和用水户的固定费。

3.2 现状供用水量

3.2.1 供水量

据统计，2012年，尼罗河流域总供水量为863.60亿m^3。其中，地表水791.35亿m^3，占总供水量的91.63%，地下水30.60亿m^3，占总供水量的3.54%；其他水源41.65亿m^3，占总供水量的4.83%。不同国家供水量分别为布隆迪2.90亿m^3，刚果(金)3.00亿m^3，埃及533.00亿m^3，厄立特里亚5.80亿m^3，埃塞俄比亚26.60亿m^3，肯尼亚23.40亿m^3，卢旺达1.50亿m^3，苏丹172.11亿m^3，南苏丹60.29亿m^3，坦桑尼亚31.80亿m^3，乌干达3.20亿m^3。

2012年，尼罗河流域不同国家供水量见表3-3，尼罗河流域不同水源供水构成比例见图3-2。

3.2.2 用水量

2012年，尼罗河流域各部门总用水量863.60亿m^3，与供水量一致。其中，农业用水767.53亿m^3，占总用水量的88.87%；工业用水35.55亿m^3，占总用水量的4.12%；生活用水60.52亿m^3，占总用水量的7.01%。

表 3-3　2012 年尼罗河流域不同国家供水量　（单位：亿 m^3）

国家	地表水	地下水	其他水源	合计
布隆迪	2.50	0.30	0.10	2.90
刚果(金)	0.60	2.10	0.30	3.00
埃及	505.00	9.00	19.00	533.00
厄立特里亚	5.60	0	0.20	5.80
埃塞俄比亚	20.50	4.00	2.10	26.60
肯尼亚	18.10	4.20	1.10	23.40
卢旺达	1.00	0.40	0.10	1.50
苏丹	158.30	3.46	10.35	172.11
南苏丹	53.15	1.54	5.60	60.29
坦桑尼亚	25.40	3.80	2.60	31.80
乌干达	1.20	1.80	0.20	3.20
全流域	791.35	30.60	41.65	863.60

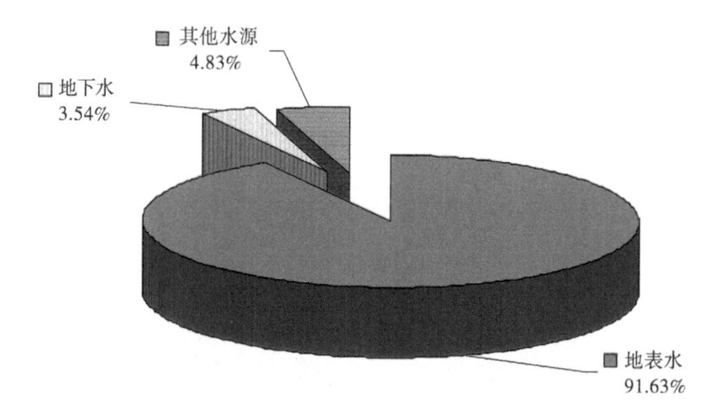

图 3-2　2012 年尼罗河流域不同水源供水构成比例

2012年,尼罗河流域不同国家各部门用水量见表3-4,尼罗河流域各部门用水比例见图3-3。

表3-4 2012年尼罗河流域不同国家各部门用水量

(单位:亿 m^3)

国家	农业用水	工业用水	生活用水	合计
布隆迪	2.24	0.17	0.49	2.90
刚果(金)	0.92	0.50	1.58	3.00
埃及	459.98	31.45	41.57	533.00
厄立特里亚	5.48	0.02	0.31	5.81
埃塞俄比亚	24.92	0.11	1.57	26.60
肯尼亚	18.53	0.87	4.00	23.40
卢旺达	1.02	0.12	0.36	1.50
苏丹	166.43	1.20	4.47	172.10
南苏丹	58.30	0.42	1.57	60.29
坦桑尼亚	28.43	0.16	3.21	31.80
乌干达	1.28	0.53	1.39	3.20
全流域	767.53	35.55	60.52	863.60

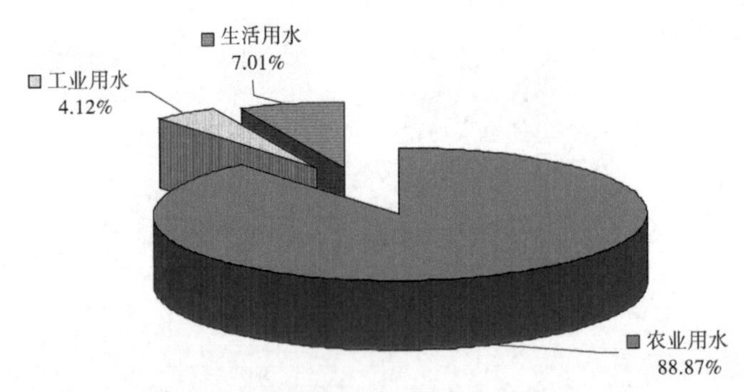

图3-3 2012年尼罗河流域各部门用水比例

3.3 现状用水水平分析

2012年,尼罗河流域人均用水量362 m^3,较甘肃省人均用水量低116 m^3,较中国人均用水量低88 m^3;万美元GDP用水量为10 389 m^3,较甘肃省万美元GDP用水量高8 320 m^3,较中国万美元GDP用水量高9 364 m^3;农田灌溉用水量为12 518 m^3/hm^2,较甘肃省农田灌溉用水量高4 223 m^3/hm^2,较中国农田灌溉用水量高6 203 m^3/hm^2;生活用水量为105 L/(人·d),较甘肃省生活用水量低49 L/(人·d),较中国生活用水量低88 L/(人·d);万美元工业增加值用水量为986 m^3,较甘肃省万美元工业增加值用水量高404 m^3,较中国万美元工业增加值用水量高446 m^3。

尼罗河流域2012年不同国家主要用水指标对比见表3-5。

表3-5 尼罗河流域2012年不同国家主要用水指标对比

国家/地区	人均用水量(m^3/人)	GDP用水量(m^3/万美元)	农田灌溉用水量(m^3/hm^2)	生活用水量[L/(人·d)]	万美元工业增加值用水量(m^3/万美元)
布隆迪	76	7 247	15 288	30	1 070
刚果(金)	115	39 032	7 146	16	1 196
埃及	663	16 367	15 521	185	1 523
厄立特里亚	276	25 218	16 540	42	1 130
埃塞俄比亚	76	6 260	11 499	28	1 246
肯尼亚	138	12 693	13 424	79	1 263
卢旺达	66	717	5 782	16	973

续表 3-5

国家/地区	人均用水量（m^3/人）	GDP 用水量（m^3/万美元）	农田灌溉用水量（m^3/hm^2）	生活用水量［L/（人·d）］	万美元工业增加值用水量（m^3/万美元）
苏丹	546	8 834	13 743	65	1 185
南苏丹	635	5 338	10 830	90	1 106
坦桑尼亚	312	19 593	10 423	137	1 023
乌干达	69	345	5 093	15	956
全流域	362	10 389	12 518	105	986
甘肃	478	2 069	8 295	154	582
中国	450	1 025	6 315	193	540

总体来说，受水利工程布局不合理、工业技术产业格局和经济水平较低的影响，尼罗河流域水资源利用水平整体较低，农业用水效率相对较低。

3.4　水资源开发利用程度分析

为反映尼罗河流域水资源的开发利用程度，以 2012 年为计算时段，对尼罗河流域不同国家地表水资源开发率、地下水资源开采率进行了分析计算。尼罗河流域不同国家水资源开发利用程度分析结果见表 3-6。

不同国家人均用水量分别为布隆迪 76 m^3/人，刚果（金）115 m^3/人，埃及 663 m^3/人，厄立特里亚 276 m^3/人，埃塞俄比亚 76 m^3/人，肯尼亚 138 m^3/人，卢旺达 66 m^3/人，苏丹 546 m^3/人，南苏丹 635 m^3/人，坦桑尼亚 312 m^3/人，乌干达 69 m^3/人。

表 3-6 尼罗河流域不同国家水资源开发利用程度分析结果

国家/地区	地表水			地下水		
	供水量（亿 m^3）	水资源量（亿 m^3）	开发率（%）	开采量（亿 m^3）	水资源量（亿 m^3）	开发率（%）
	(1)	(2)	(3)=(1)/(2)	(4)	(5)	(6)=(4)/(5)
布隆迪	2.50	74.49	3.36	0.30	76.90	0.39
刚果(金)	0.60	35.64	1.68	2.10	38.77	5.42
埃及	505.00	841.52	60.01	9.00	52.10	17.27
厄立特里亚	5.60	40.70	13.76	0	5.00	0
埃塞俄比亚	20.50	383.19	5.35	4.00	217.30	1.84
肯尼亚	18.10	117.49	15.41	4.20	48.30	8.70
卢旺达	1.00	79.81	1.25	0.40	70.90	0.56
苏丹	158.30	968.96	16.34	3.46	80.70	4.29
南苏丹	53.15	450.43	11.80	1.54	35.80	4.30
坦桑尼亚	25.40	224.25	11.33	3.80	312.30	1.22
乌干达	1.20	658.09	0.18	1.80	291.70	0.62
全流域	791.35	3 874.57	20.42	30.60	1 229.77	2.49

由表 3-6 可见,尼罗河流域不同国家地表水资源开发利用程度埃及最高,苏丹次之,乌干达最低;地下水资源开发利用程度以埃及最高,肯尼亚次之,厄立特里亚最低。综合分析尼罗河流域地表水资源开发率为 20.42%,地下水开采率为 2.49%。总体上,尼罗河流域不同国家水资源开发利用程度相对较低,同时整个流域水资源开发利用程度也相对较低,尤其受到地表水资源季节性和水利工程措施影响,对洪水资源开发利用程度不高。

3.5 现状供需分析

3.5.1 需水量

尼罗河流域现状年国民经济各部门需水总量为1 004.03亿m^3,国民经济各部门需水量所占的比重:农业灌溉80.35%,工业11.11%,生活8.54%。其中,布隆迪3.35亿m^3,刚果(金)3.43亿m^3,埃及625.50亿m^3,厄立特里亚6.63亿m^3,埃塞俄比亚30.17亿m^3,肯尼亚27.36亿m^3,卢旺达1.71亿m^3,苏丹198.65亿m^3,南苏丹67.80亿m^3,坦桑尼亚35.76亿m^3,乌干达3.67亿m^3。

尼罗河流域不同国家水资源规划分部门现状需水量见表3-7。

表3-7 尼罗河流域不同国家水资源规划分部门现状需水量

(单位:亿m^3)

国家/地区	农业灌溉	工业	生活	合计
布隆迪	2.58	0.20	0.57	3.35
刚果(金)	1.05	0.57	1.81	3.43
埃及	502.28	74.43	48.79	625.50
厄立特里亚	6.27	0.01	0.35	6.63
埃塞俄比亚	25.55	2.84	1.78	30.17
肯尼亚	19.75	2.93	4.68	27.36
卢旺达	1.16	0.14	0.41	1.71
苏丹	174.22	19.27	5.16	198.65
南苏丹	61.50	4.54	1.76	67.80
坦桑尼亚	10.91	5.97	18.88	35.76
乌干达	1.47	0.61	1.59	3.67
全流域	806.74	111.51	85.78	1 004.03

3.5.2 供需平衡分析

现状2012年尼罗河流域总需水量1 004.03亿m^3,供水量863.60亿m^3,缺水量140.43亿m^3,缺水程度13.99%,属工程性缺水。尼罗河流域不同国家现状年水资源供需平衡结果见表3-8。

表3-8　尼罗河流域不同国家现状年水资源供需平衡结果

国家	需水量(亿m^3)	供水量(亿m^3)	缺水量(亿m^3)	缺水程度(%)
布隆迪	3.35	2.90	0.45	13.43
刚果(金)	3.43	3.00	0.43	12.54
埃及	625.50	533.00	92.50	14.79
厄立特里亚	6.63	5.80	0.83	12.52
埃塞俄比亚	30.17	26.60	3.57	11.80
肯尼亚	27.36	23.40	3.96	14.47
卢旺达	1.71	1.50	0.21	11.76
苏丹	198.65	172.11	26.54	13.36
南苏丹	67.80	60.29	7.51	11.09
坦桑尼亚	35.76	31.80	3.96	11.07
乌干达	3.67	3.20	0.47	13.04
全流域	1 004.03	863.60	140.43	13.99

3.6 现状水资源保护

3.6.1 主要污染源及污染现状

尼罗河流域的水污染主要问题包括:①许多沿岸国家依赖于农业经济,因此水污染主要问题是施用化肥导致高硝酸盐和磷酸盐污染;

②施用农药、除草剂和其他复杂的有机化合物导致地下水、地表水污染；③毁林种植造成土壤侵蚀和下游河道淤积；④生活污水未经处理加以排放，从而导致较高的细菌、氨氮、氯、BOD 和 COD 含量；⑤工业废水处理效率低下导致水体中 BOD、重金属和有毒有机化合物的污染；⑥制革厂铬污染问题严重；⑦矿产资源开采引起与酸、重金属如汞和氰化物等有毒化合物污染问题；⑧自然污染物如氟含量偏高。

3.6.1.1 维多利亚尼罗河

维多利亚尼罗河水域污染的主要原因：生活污水、工业废水排放、土壤侵蚀、化肥施用、农药和其他污染物。卢旺达境内维多利亚尼罗河水质监测资料见表 3-9，坦桑尼亚境内维多利亚尼罗河水质监测资料见表 3-10。

表 3-9 卢旺达境内维多利亚尼罗河水质监测资料

参数	温度	pH	溶解氧	盐度	电导率	酸度	碱度(mg/L)		色度	S. M
单位	℃		mg/L	mg/L	μS/cm	mg/L	TA	TAC		mg/L
平均值	21.81	7.14	7.16	0.04	112	17.8	0.6	38.43	415.53	70.4
最大值	24.9	8.43	9.41	0.13	290	70	10	135	1 240	367
最小值	19.7	6.4	0.74	0	17.4	0	0	4	47	1
参数	总硬度	方解石硬度	CO_2	Ca^{2+}	Mg^{2+}	Cl^-	F^-	NO_2^-	碘单质	NH_3—N
单位	mg/L	mg/L	mg/L	mg/L	mg/L	mg/L	mg/L	mg/L	μg/L	mg/L
平均值	33.4	17.3	5.87	6.99	4.7	10.43	0.37	0.09	5.06	0.38
最大值	92	32	25	12.8	17.4	25	1.85	0.31	7.62	1.7
最小值	8	5	0	2	0	2	0	0.03	<0.2	0
参数	SO_4^{2-}	PO_4^{3-}	Cu^{2+}	Mn^{7+}	Cr^{6+}	Fe^{2+}	Na^+	K^+	C. P. S	浊度
单位	mg/L	mg/L	mg/L	mg/L	μg/L	mg/L	mg/L	mg/L	%	FTU
平均值	18.7	0.58	0.17	0.22	0.28	1.35	10.87	4.86	51.3	118.87
最大值	37.5	1.28	1.3	1.08	0.75	3.37	105.3	19.5	80.51	461
最小值	5	0.15	0.01	0.05	0.09	0.09	1.65	0.5	18.3	7

表 3-10　坦桑尼亚境内维多利亚尼罗河水质监测资料

参数	pH		溶解氧		全氮		NO_3^-	
单位			mg/L		μg/L		μg/L	
季节	干季	湿季	干季	湿季	干季	湿季	干季	湿季
平均值	8.19	8.11	7.12	7.05		0.56	0.05	0.05
最大	8.89	9.15	18.36	9.56		1.26	0.21	0.14
最小	7.49	7.22	0	5.98		0	0.003	0.006

参数	NH_4^+		总磷		PO_4^{2-}		总悬浮固体	
单位	μg/L	μg/L	μg/L	mg/L	μg/L	μg/L	μg/L	mg/L
季节	干季	湿季	干季	湿季	干季	湿季	干季	湿季
平均值	0.3	0.11	0.09	0.1	0.3	0.11	0.09	0.1
最大	0.78	0.34	0.15	0.16	0.78	0.34	0.15	0.16
最小	0.04	0.02	0.05	0.07	0.04	0.02	0.05	0.07

3.6.1.2　白尼罗河

白尼罗河与青尼罗河汇合处的BOD值高于世界卫生组织的最高值；油和油脂的含量超过世界卫生组织的指导值；铬（Cr^{6+}）含量过高；细菌含量超标严重。这主要是由分布在白尼罗河内制糖工业和造纸厂众多导致的，其中城镇化的发展、卫生设施的缺乏也是导致上述污染发生的重要原因。

白尼罗河水质监测资料见表3-11。

3.6.1.3　青尼罗河

污染源可分为巴赫达尔、默克莱、贡德尔和季马等地的纺织、饮料、食品和五金厂等工业废水，生活垃圾和污水等。卫生统计数据表明，污染主要原因为阿姆哈拉32%、提格雷37%、奥罗米亚12%、古姆兹州

25.3%和甘贝拉6.6%的人口没有相应的卫生设施配备;制革工业中铬的排放,硫化氢、染料和烧碱的使用;采矿业导致悬浮固体负荷加大;金、铜、铅、铬和镍等采矿业的发展产生了严重污染问题;农药和化肥流失。青尼罗河水质监测资料见表3-12。

表3-11 白尼罗河水质监测资料

参数	浊度	pH	电导率	硬度	碱度	Ca^{2+}	Mg^{2+}
单位	FTU		μS/cm	mg/L	mg/L	mg/L	mg/L
最大	115	7.6	180	86	109	5.6	13
最小	6	7.3	121	26	73		2.9
参数	Cl^-	SO_4^{2-}	NO_3^-	NO_2^-	总悬浮固体	溶解性总固体	F^-
单位	mg/L	mg/L	mg/L	mg/L	mg/L	mg/L	mg/L
最大	9.9	5	5.7	0	126	18	0.9
最小	5.7	1	0.3	0	84	2	0.6

表3-12 青尼罗河水质监测资料

参数	浊度	pH	电导率	硬度	碱度	Ca^{2+}	Mg^{2+}	Cl^-	SO_4^{2-}	NO_3^-	NO_2^-	总悬浮固体	溶解性总固体	F^-
单位	FTU		μS/cm	mg/L	mg/L	mg/L	mg/L	mg/L	mg/L	mg/L	mg/L	mg/L	mg/L	mg/L
最大	7 275	8.4	295	132	183	37.6	13.61	22.72	42	3.96	0.52	8 875	189	0.7
最小	4	7.5	194	80	79.2	24.8	2.43	4.6	8	0	0	3	125	0.2

3.6.1.4 尼罗河干流

人口增加、农业灌溉和工业生产项目发展导致干流河段水污染严重。污染源可分为工业废水、生活污水、灌溉回归水及排水、固体废物

倾倒等。工业用水估计在59亿 m^3,其中5.50亿 m^3 未经处理就被排放到尼罗河。污染物主要来源于重工业、电镀和化学工业。化学工业主要集中于农药生产行业、石油精炼厂、塑料和橡胶制造商。工业污染源中重金属和有毒有机化合物污染严重。尼罗河干流水质监测资料见表3-13。

表3-13 尼罗河干流水质监测资料

参数	浊度	pH	电导率	硬度	碱度	Ca^{2+}	Mg^{2+}	Cl^-	SO_4^{2-}	NO_3^-	NO_2^-	总悬浮固体	溶解性总固体	F^-
单位	FTU		μS/cm	mg/L	mg/L	mg/L	mg/L	mg/L	mg/L	mg/L	mg/L	mg/L	mg/L	mg/L
最大	6 575	8.4	278	116	178	40	17	34	39	12.3	0.99	8 400	194	0.2
最小	5	7.3	183	50	122	14	3	7.1	1	0	0	8	126	0.09

3.6.2 水资源保护工程及措施

20世纪80年代以来,尼罗河流域在继续修建多年调节水库的同时,采取增水、保水、省水等措施,提高水资源利用率,进行河流的水资源保护。

3.6.2.1 水资源供需矛盾日益突出

埃及地处沙漠失水区,尼罗河水对于埃及经济乃命脉所系。一个多世纪以来,埃及耕地和种植面积不断扩大,但仍赶不上人口增长速度,以致人均耕地及种植面积逐年减少,并且这种趋势仍将继续。耕地缺乏、粮食不足是埃及亟待解决的头等大事;开发水源、扩大耕地一向是埃及既定国策。目前,阿斯旺高坝为埃及提供的尼罗河水份额已不能满足经济进一步发展需要,水资源紧张程度日益加深。因此,保护和开发尼罗河水资源已成为埃及制定经济政策的重要因素之一。

苏丹和南苏丹自然条件优越,水土资源丰富。尼罗河流经苏丹和南苏丹国境约 3 300 km,差不多所有重要支流均在苏丹境内汇集,土地辽阔,可耕地面积达 8 400 万 hm^2,已耕地不到 1 000 万 hm^2,农业生产潜力很大。苏丹和南苏丹经济一向以农业为基础,重点是发展灌溉,增加耕地。灌溉用水急剧增加,水资源供需矛盾也渐趋尖锐。扩大水源、增加尼罗河流域水份额亦大有必要。

埃塞俄比亚位于季节丰水区上游,具有季节性缺水的特征。按照气候条件,全国大部分地区一年四季均可种植作物,高原上普遍可以一年两熟,农业甚至可以一年三熟,但由于灌溉不发达,因此极少复种。1978 年,埃塞俄比亚决定在阿特巴拉河、特克泽河和青尼罗河支流丁德尔河、伯莱斯河筑坝拦水,发展灌溉,以改变目前水土流失、旱季缺水的状况。过去未参加签订尼罗河水协议的埃塞俄比亚迫切要求分享尼罗河水,更加剧了水资源的紧张程度。

此外,位于东非高原全年丰水区的一些国家也纷纷拟订了开垦沼泽、发展灌溉的计划。例如,乌干达准备开垦基奥加湖南部沼泽种植水稻;肯尼亚打算开垦维多利亚湖附近的亚拉河沼泽;坦桑尼亚拟在维多利亚湖岸发展提水灌溉,扩大棉花、水稻种植面积,同时与卢旺达、布隆迪、乌干达合作开发卡盖拉河沼泽,发展农业。

根据上述分析可知,尼罗河水资源的供需矛盾将日趋尖锐,当初签订尼罗河水协议时仅涉及埃及、苏丹两国之间的用水分配问题,而现在尼罗河水资源不仅为多数流域国家所关注,甚至还为流域以外的国家所瞩目,大有供不应求之势。

3.6.2.2 水资源保护措施

随着人口增长、经济发展,水资源开发利用水平不断提高,人类活动对流域地理环境的影响和冲击愈来愈大,由此引起的生态环境问题也愈来愈为人们所重视。这一点在开发利用历史最悠久、程度最深的埃及表现得尤为突出。

(1)一个多世纪以来,埃及灌溉面积不断扩大,由于渠道长期输水,灌水下渗,地下水位显著上升,从而导致三角洲地区土壤沼泽化和次生盐碱化,肥力下降,影响作物产量。这是开发利用尼罗河水资源引起农业生态环境退化的事例,为此埃及采取了相应整治措施:重视农田

基本建设,加强田间排水,推广提水灌溉,控制农业用水。这些措施既节约了宝贵的灌溉用水,又在一定程度上抑制了土壤次生盐碱化的发展,使农业生态环境得到保护。

(2)阿斯旺高坝的建成运行给埃及带来巨大经济效益,但工程对埃及环境、社会也产生了一系列副作用,这充分说明兴建大型水利工程时不仅要考虑技术经济效果,同时必须兼顾工程对环境产生的不利影响,对水利工程环境影响事先做出正确判断和评价,权衡利弊,防患未然,这对今后进一步开发尼罗河水资源来说至关重要。

(3)苏丹琼莱运河同样存在上述问题,工程经济效益非常明显,产生的环境影响也不容忽视。工程兴建后,沼泽地区原有水文情况发生了变化,对渔业、水生生物等具有长期影响,改变了沼泽地带的相对比例和面积,影响了当地部落的游牧生活。因此,规模宏大的运河工程在全部竣工前仍需对其环境、社会影响做出相应评价,采取有效整治措施,使运河兼具良好技术经济和环境质量效果。

(4)埃塞俄比亚林地面积小,森林覆盖率不高,降雨强度和河床比降都很大,加上过度砍伐,水土流失严重。因此,今后在开发青尼罗河和阿特巴拉河流域,发展灌溉农业时必须重视水土保持,开发和整治二者不可偏废。

3.7　水资源开发利用及保护存在问题

3.7.1　流域上、下游用水矛盾突出

尼罗河流域85%的水资源用于农业灌溉,加上本地区水资源短缺,用水竞争成为最突出的问题。由于历史原因和客观发展需要,流域各国对尼罗河水资源利用提出不同的利益诉求。维护各自水资源安全是流域各国在尼罗河的关键利益,也是其相互之间博弈的主要目标。当前尼罗河流域的主要矛盾就是上、下游国家在尼罗河水资源开发利用上的利益冲突。埃及、苏丹和埃塞俄比亚三国之间的矛盾纷争尤为突出。

目前,以埃塞俄比亚为代表的上游国家要求享有公平利用尼罗河水资源的权利,而下游埃及、苏丹两国则设法维护其优先利用的权益,特别是埃及,担心上游水库蓄水及引水对其用水安全造成威胁。因此,对上游任何大坝建设计划基本都持反对态度。作为流域内国力最强的国家,埃及为确保其国家水资源安全,公开表示必要时采取武力保护其利益。

埃及、苏丹和埃塞俄比亚提出的需水量远远超过尼罗河现有的可用水量。随着人口的快速增长,预计到 2025 年,尼罗河流域国家除刚果(金)人均水资源量充沛外,其他 10 个国家都为水资源紧张或短缺国家,总人均水资源量仅约为 853 m^3,水资源短缺形势将更为严峻。特别是全球气候变暖导致的持续干旱以及工农业发展造成的水污染等将使流域用水矛盾更加突出,处理不好,将直接导致国家间关系紧张乃至发生冲突,将会对地区稳定和发展带来不利影响。

3.7.2 用水结构不合理,水利基础设施薄弱

尼罗河流域现状用水结构中,农业是用水大户,占总用水量的80%以上,比例明显偏大。由于用水结构优化推进缓慢,农田用水结构造成区域单方水产出偏低,导致水资源利用经济效益低下,同时由于农田水利基础设施薄弱,水利设施正常效益不能发挥,灌溉水利用效率偏低,节水农业发展缓慢,整体上水资源利用效率偏低。而农田节水改造工程实施工作受当地群众认识不足、作物类型、种植技术、土地经营方式的制约以及工程后期维护更新费用无保障的影响,节水改造工程难以全面推广,导致农田灌溉用水需求难以下降。供水工程体系与区域发展需水要求不相适应的问题日益突出,城乡水源工程滞后,工程性缺水问题普遍存在。

3.7.3 部分河流水能资源开发略显滞后

尽管尼罗河流域在一些大的河流上建设了许多水电站与水库,对水能资源进行了一定程度的开发与利用,但在流域国家内的部分河流上水能资源开发还存在一定问题,略显滞后,影响了当地经济社会的发

展。如坦桑尼亚在维多利亚湖周边的支流河道比降普遍较大,水量丰沛,水能资源蕴藏量大,有很大的开发利用潜力。鲁武武河在布隆迪境内的山区河段具备开发条件,具有发展小水电的地理优势。在乌干达东部埃尔贡山和西南部鲁文佐里山脉小溪、小河众多,河道比降大,水力资源较为丰富,为发展山丘区农村小水电资源提供了便利条件。南苏丹在加扎勒河、朱尔河、通季河等支流的水电资源相对比较丰富,而开发利用程度相对较低。总体上,多种原因导致了流域国家在不同河流以及支流上水能资源开发相对滞后,限制了当地经济的快速发展。

3.7.4　水体污染严重,水功能退化

尼罗河流域水体污染主要表现在地表水和地下水的双重污染方面。在过去几十年里,由于人口快速增加、新的农业灌溉工程、工业发展和其他人类活动,尼罗河流域污染已显著增加。污染源主要包括以下几个方面:①工业废水污染;②家庭生活废水污染;③农业排水系统污染;④固体废弃物倾倒污染。随着工业污水和生活污水的大量排放,有限的地表水资源因遭受污染的影响,水体污染程度增加,其利用率更低。由于农业、工业和生活等导致淡水资源水质恶化,不完善的卫生设施和废物处理不当导致地下水污染。而流域内相关的纺织厂、酿酒厂、电池制造厂、屠宰场等导致流域内地表水与地下水不同程度污染。随着流域污染物不断排入河道,流域水体遭到不同程度的污染,水环境遭到一定程度破坏,水体丧失自净能力,超过水功能区纳污能力,使得流域水体功能不断退化,严重影响了流域水功能区的正常运行,使流域周边环境不断恶化。

3.7.5　湿地退化(丧失)

在尼罗河流域存在着大小不等的许多湿地,管理不善、过度放牧、不合理利用水资源等造成流域内湿地生态系统结构破坏、功能衰退、生物多样性减少、生物生产力下降,影响流域内湿地功能。如南苏丹苏德湿地、苏丹马查尔湿地以及赤道群湖泊湿地等都存在不同程度的退化。流域内人口增加,迫使人类不断发展农牧业、工业以及相关的服务产

业，大量湿地被开垦为农业用地。农业的迅速发展，盲目开垦湿地，使湿地面积大幅度缩减。畜牧业的不可持续发展，对湿地植被造成严重破坏。加之流域内人们对保护生态环境重要性认识不足等，长期以来，未能正确处理社会经济发展与生态环境保护之间的关系，向土地要粮，大搞农田水利工程建设，从而使湿地补给水源减少，植被退化，动物栖息地丧失，这些直接导致湿地生态系统功能退化或丧失。

3.7.6 用水管理不够完善，管理制度不健全

尼罗河流域涉及国家相对较多，给流域水资源统一管理和合理分配带来一定难度。尽管流域制定了《尼罗河流域合作框架协定》和《维多利亚湖流域可持续发展议定书》等制度与政策文件，但对水资源的开发利用缺乏宏观控制，只强调水资源满足不同国家的需求，而不注重经济发展、产业布局与水资源条件的匹配性；只重视水资源的开发利用，而对水资源的节约、配置与保护重视程度不够；流域水资源管理与区域水资源管理关系没有理顺，流域管理相对薄弱，上下游、左右岸、不同国家部门之间用水矛盾依然突出，存在区域用水计量、水费征收、取水计划及监督管理等工作不够完善，区域之间管理力度不一等问题；由于水资源的有偿使用和经济杠杆对资源的合理配置作用没有有效发挥，流域内涉及的取水许可与水资源有偿使用制度、水功能区制度、总量控制和定额管理制度等还存在一定问题，影响了水资源的高效管理和合理配置。

第 4 章　水资源规划需求分析

4.1　社会经济发展分析

4.1.1　社会经济发展指标分析

4.1.1.1　人口增长

依据《尼罗河流域状况 2012》(State of The River Nile Basin 2012),尼罗河流域现状年,即 2012 年人口总数为 2.38 亿人,其中城镇人口 0.67 亿人、农村人口 1.71 亿人,城镇化率为 28.15%。流域 2012~2020 年人口年增长率为 4.52%,2020 年流域城镇化率达到 31.50%;2020~2030 年人口年增长率 4.00%,到 2030 年城镇化率将达到 32.10%。2020 年尼罗河流域人口 3.38 亿人,其中城镇人口 1.07 亿人、农村人口 2.31 亿人;到 2030 年尼罗河流域人口将达到 5.02 亿人,其中城镇人口 1.66 亿人、农村人口 3.36 亿人。不同水平年流域内各国人口发展指标见表 4-1。

4.1.1.2　农业灌溉发展规模

据现有资料统计,现状年尼罗河流域农业灌溉面积 502.07 万 hm^2,其中布隆迪 1.46 万 hm^2,刚果(金)无灌溉面积,埃及 296.36 万 hm^2,厄立特里亚 1.50 万 hm^2,埃塞俄比亚 9.08 万 hm^2,肯尼亚 3.42 万 hm^2,卢旺达 1.76 万 hm^2,苏丹 121.10 万 hm^2,南苏丹 53.83 万 hm^2,坦桑尼亚 11.05 万 hm^2,乌干达 2.51 万 hm^2。预测到 2020 年流域内灌溉面积发展到 637.07 万 hm^2,考虑到水资源有限性,2020~2030 年流域灌溉面积不再增加。不同水平年流域内各国灌溉面积发展规模见表 4-2。

表 4-1　不同水平年流域内各国人口发展指标

规划分区（国家）	现状年				2020 年					2030 年				
	总人口（亿人）	城镇人口（亿人）	农村人口（亿人）	城镇化率（%）	总人口（亿人）	城镇人口（亿人）	农村人口（亿人）	人口增长率（%）	城镇化率（%）	总人口（亿人）	城镇人口（亿人）	农村人口（亿人）	人口增长率（%）	城镇化率（%）
布隆迪	0.05	0.01	0.04	10.98	0.07	0.01	0.06	4.80	15.50	0.12	0.02	0.10	3.00	17.50
刚果（金）	0.03	0.01	0.02	33.85	0.04	0.01	0.03	4.70	37.00	0.06	0.03	0.03	5.00	39.00
埃及	0.80	0.35	0.47	43.00	1.08	0.53	0.55	3.80	49.00	1.53	0.78	0.75	6.00	51.00
厄立特里亚	0.02	0	0.02	20.95	0.03	0.01	0.02	5.20	25.00	0.05	0.01	0.04	2.00	27.00
埃塞俄比亚	0.35	0.06	0.29	16.99	0.50	0.10	0.40	4.60	19.50	0.75	0.16	0.59	3.00	21.50
肯尼亚	0.17	0.04	0.13	24.00	0.25	0.07	0.18	4.90	26.30	0.38	0.11	0.27	3.00	28.30
卢旺达	0.09	0.02	0.07	19.03	0.13	0.03	0.10	4.60	22.50	0.20	0.05	0.15	3.00	24.50
苏丹	0.32	0.09	0.23	27.02	0.46	0.14	0.32	4.80	30.10	0.69	0.22	0.47	4.00	32.10
南苏丹	0.10	0.03	0.06	33.05	0.14	0.04	0.10	4.90	26.20	0.21	0.06	0.15	3.00	28.20
坦桑尼亚	0.10	0.02	0.08	18.04	0.15	0.03	0.12	4.80	21.60	0.22	0.05	0.17	2.00	23.60
乌干达	0.35	0.06	0.30	15.99	0.53	0.10	0.43	5.20	19.40	0.81	0.17	0.64	2.00	21.40
合计	2.38	0.67	1.71	28.15	3.38	1.07	2.31	4.52	31.50	5.02	1.66	3.36	4.00	33.09

表 4-2　不同水平年流域内各国灌溉面积发展规模

（单位：万 hm^2）

规划分区	现状年	2020 年	2030 年
布隆迪	1.46	2.46	2.46
刚果(金)	0	2.00	2.00
埃及	296.36	346.36	346.36
厄立特里亚	1.50	3.50	3.50
埃塞俄比亚	9.08	12.08	12.08
肯尼亚	3.42	6.42	6.42
卢旺达	1.76	3.76	3.76
苏丹	121.10	161.10	161.10
南苏丹	53.83	78.83	78.83
坦桑尼亚	11.05	16.05	16.05
乌干达	2.51	4.51	4.51
合计	502.07	637.07	637.07

4.1.1.3　工业发展规模

据现有资料统计，现状年尼罗河流域工业产值为62.94亿美元，近年来非洲经济发展迅速，预测到2020年全流域工业产值将达到152.55亿美元，2030年将达到310.44亿美元。不同水平年流域内各国工业产值发展规模见表4-3。

表 4-3　不同水平年流域内各国工业产值发展规模

规划分区	现状年(亿美元)	2020 年		2030 年	
		工业增长率(%)	工业产值(亿美元)	工业增长率(%)	工业产值(亿美元)
布隆迪	0.27	9.00	0.54	5.00	0.88
刚果(金)	0.05	10.00	0.11	6.00	0.19

续表 4-3

规划分区	现状年(亿美元)	2020 年		2030 年	
		工业增长率(%)	工业产值(亿美元)	工业增长率(%)	工业产值(亿美元)
埃及	28.34	14.00	80.84	9.00	191.38
厄立特里亚	0.21	9.00	0.42	5.00	0.68
埃塞俄比亚	2.42	9.00	4.82	5.00	7.85
肯尼亚	1.43	8.00	2.65	4.00	3.92
卢旺达	1.21	8.00	2.24	4.00	3.32
苏丹	13.25	11.00	30.54	6.00	54.68
南苏丹	7.68	9.00	15.30	5.00	24.93
坦桑尼亚	0.94	9.00	1.87	5.00	3.05
乌干达	7.14	8.00	13.22	4.00	19.56
合计	62.94	11.70	152.55	7.36	310.44

4.1.2 社会经济用水指标分析

4.1.2.1 生活用水指标

现状年尼罗河流域平均城镇生活用水定额为 72 L/(人·d),农村生活用水定额为 61 L/(人·d)。预测到 2020 年、2030 年流域城镇生活用水定额分别为 136 L/(人·d)、147 L/(人·d),农村生活用水定额分别为 89 L/(人·d)、102 L/(人·d)。不同水平年各国生活用水指标见表 4-4。

4.1.2.2 农业灌溉定额

预测到 2020 年流域农业灌溉定额为 12 885 m^3/hm^2,2030 年流域农业灌溉定额为 12 735 m^3/hm^2。不同水平年流域内各国农业灌溉定

额见表 4-5。

表 4-4　不同水平年各国生活用水指标

［单位:L/(人·d)］

规划分区	现状年		2020 年		2030 年	
	城镇生活	农村生活	城镇生活	农村生活	城镇生活	农村生活
布隆迪	40	30	55	45	70	60
刚果(金)	35	25	50	40	65	55
埃及	185	160	200	175	215	190
厄立特里亚	50	35	65	50	80	65
埃塞俄比亚	33	25	48	40	63	55
肯尼亚	85	73	100	88	115	103
卢旺达	30	25	45	40	60	55
苏丹	65	55	80	70	95	85
南苏丹	90	83	105	98	120	113
坦桑尼亚	146	137	161	152	176	167
乌干达	28	25	43	40	58	55
全流域	72	61	136	89	147	102

表 4-5　不同水平年流域内各国农业灌溉定额

(单位:m^3/hm^2)

规划分区	现状年	2020 年	2030 年
布隆迪	10 799	10 769	10 619
刚果(金)	6 399	6 369	6 219
埃及	14 190	14 160	14 010
厄立特里亚	11 691	11 661	11 511
埃塞俄比亚	9 799	9 769	9 619
肯尼亚	10 424	10 394	10 244

续表 4-5

规划分区	现状年	2020 年	2030 年
卢旺达	5 632	5 602	5 452
苏丹	12 638	12 608	12 458
南苏丹	10 335	10 305	10 155
坦桑尼亚	9 410	9 380	9 230
乌干达	5 415	5 385	5 235
全流域		12 885	12 735

4.1.2.3 工业生产用水定额

现状年流域内不同国家工业万美元产值用水定额不同，预测到2020 年、2030 年流域工业产值用水定额分别为 10 135 m^3/万美元、10 528 m^3/万美元，详见表 4-6。

表 4-6 不同水平年流域内各国工业产值用水定额

(单位：m^3/万美元)

规划分区	现状年	2020 年	2030 年
布隆迪	7 247	7 147	6 947
刚果(金)	10 666	10 566	10 366
埃及	12 973	12 873	12 673
厄立特里亚	11 218	11 118	10 918
埃塞俄比亚	9 085	8 985	8 785
肯尼亚	9 863	9 763	9 563
卢旺达	717	617	417
苏丹	9 198	9 098	8 898
南苏丹	8 119	8 019	7 819
坦桑尼亚	10 915	10 815	10 615
乌干达	345	330	300
全流域		10 135	10 528

4.2　社会经济用水需求预测

4.2.1　生活用水需求分析

根据尼罗河流域人口增长和生活用水指标,2020 年流域生活总需水量为 127.91 亿 m^3,其中城镇生活需水量 52.95 亿 m^3,农村生活需水量 74.98 亿 m^3;到 2030 年尼罗河流域生活总需水量为 214.06 亿 m^3,其中城镇生活需水量 89.28 亿 m^3,农村生活需水量 124.78 亿 m^3。

4.2.2　农业灌溉用水需求分析

根据流域灌溉面积和灌溉定额,预测到 2020 年农业灌溉需水量达到 820.86 亿 m^3,2030 年农业灌溉需水量为 811.30 亿 m^3。

4.2.3　工业发展用水需求分析

预测到 2020 年尼罗河流域工业需水量为 154.60 亿 m^3;到 2030 年工业需水量达到 326.85 亿 m^3。

4.2.4　总需水量分析

预测到 2020 年尼罗河流域总需水量为 1 103.39 亿 m^3,其中农业需水量 820.86 亿 m^3,工业需水量 154.60 亿 m^3,城镇生活需水量 52.95 亿 m^3,农村生活需水量 74.98 亿 m^3;到 2030 年尼罗河流域总需水量达到 1 352.22 亿 m^3,其中农业需水量 811.30 亿 m^3,工业需水量 326.86 亿 m^3,城镇生活需水量 89.28 亿 m^3,农村生活需水量 124.78 亿 m^3。不同水平年尼罗河流域总需水量预测见表 4-7。

表 4-7　不同水平年尼罗河流域总需水量预测（单位：亿 m^3）

规划分区	2020 年					2030 年				
	农业灌溉	工业	城镇生活	农村生活	合计	农业灌溉	工业	城镇生活	农村生活	合计
布隆迪	2.65	0.38	0.23	1.03	4.29	2.61	0.61	0.52	2.08	5.82
刚果(金)	1.27	0.11	0.25	0.35	1.98	1.24	0.20	0.52	0.69	2.65
埃及	490.44	104.07	38.76	35.30	668.57	485.25	242.54	61.17	51.94	840.90
厄立特里亚	4.08	0.47	0.19	0.43	5.17	4.03	0.74	0.39	0.86	6.02
埃塞俄比亚	11.80	4.33	1.71	5.88	23.72	11.62	6.90	3.73	11.89	34.14
肯尼亚	6.67	2.58	2.39	5.90	17.54	6.57	3.75	4.55	10.33	25.20
卢旺达	2.11	0.14	0.49	1.51	4.25	2.05	0.14	1.09	3.08	6.36
苏丹	203.12	27.78	4.03	8.19	243.12	200.70	48.66	7.62	14.43	271.41
南苏丹	81.23	12.27	1.40	3.68	98.58	80.05	19.49	2.62	6.28	108.44
坦桑尼亚	15.06	2.03	1.88	6.46	25.43	14.82	3.24	3.40	10.43	31.89
乌干达	2.43	0.44	1.62	6.25	10.74	2.36	0.59	3.67	12.77	19.39
合计	820.86	154.60	52.95	74.98	1 103.39	811.30	326.86	89.28	124.78	1 352.22

第 5 章　尼罗河流域规划建议

5.1　水资源开发利用规划建议

5.1.1　基本原则和总体思路

5.1.1.1　基本原则

1. 坚持人水和谐,可持续利用的原则

尼罗河流域水资源开发利用要尊重自然规律,充分考虑流域水资源承载能力和水环境承载能力,减少或者消除影响水资源可持续利用的行为,妥善处理开发与保护的关系,不断改善生态环境,实现水资源优化配置与合理使用,谋求最大经济效益、社会效益和生态效益,保障全流域水资源可持续利用和河流永续健康。

2. 坚持水资源保障能力与社会经济发展需求相适应的原则

尼罗河流域水资源开发利用目标、速度、规模、水平要与各个国家经济社会发展相适应,并适度超前。要统筹考虑防洪排涝和水资源供给,不同国家、区域和城乡水资源开发利用的阶段性需求,有针对性地解决有关国家经济社会发展中存在的水问题,因地制宜、突出重点、量力而行、注重效益、统筹发展。

3. 坚持统筹调度,优化配置的原则

以人为本,保障生活用水优先,为流域内各个国家城乡居民生活提供基本生活用水量,是水资源优化配置的基本要求。统筹兼顾上下游、左右岸、干支流、国与国、城市与农村、开发与保护、建设与管理、近期与远期等各方面的关系;统筹协调区域内生活用水、生产用水和生态用水,工业用水和农业用水,合理配置地表水和地下水、常规水源和非常规水源等多重水源,对需水要求与供水可能进行合理安排。优先保证水质要求较高的城乡居民生活用水及重要工业用水,统筹一般工业用水、农业灌溉、环境用水和其他各项用水。逐步建立水资源高效配置工程体系,不断实现尼罗河流域水资源优化配置。

4. 坚持治污为本、节水优先、开源节流相结合的原则

进一步加强尼罗河流域水环境保护,遏制资源破坏和浪费。以恢复和改善水体功能为目标,有关国家要对境内的主要河流、湖泊建立水质监测、超标预警、总量控制、排污许可、排污缴费等水环境保护制度,逐步提高污水处理率。鼓励各用水户通过挖潜降低原水消耗,借鉴中国经验,推行阶梯水价,实行分质供水。在治污节水的前提下,根据发展需要,适度建设蓄水、引水、提水工程。

5. 坚持依靠制度创新和科技创新相结合的原则

流域内各有关国家要加大公共财政对水利的倾斜力度,近期内可通过多种途径积极争取国际援助,切实提升全流域的水资源社会管理和公共服务能力。同时,要深化水资源管理、水利工程管理体制改革,逐步建立起精干、高效的水行政管理体制,实现水行政管理法制化。培育并建立起符合尼罗河流域实际的水市场体系,探索利用市场来配置水资源的办法和水利补偿机制,充分运用发达国家推行的水权水市场理论,促进国与国之间、区域之间、行业之间的水资源优化配置。要坚持科学治水,积极推进水利科技创新,广泛应用先进科学技术,努力提高规划的科技含量和创新能力。运用现代化技术手段、技术方法和规划思想,科学管理、优化配置尼罗河流域水资源。

5.1.1.2 总体思路

按照上述原则,依据尼罗河流域自然地理、社会经济和水资源状况,在充分考虑有关国家水资源开发利用历史、现状和未来发展需要的前提下,水资源开发利用工程建设的总体布局应该遵循防洪和抗旱并举,水资源开发利用和水资源保护并重,工程措施和非工程措施相结合,充分考虑上下游、左右岸、国与国的利益,切实贯彻执行全面规划、统筹兼顾、标本兼治和综合治理的思路。尼罗河流域中下游地区的苏丹、埃及不宜再建大中型引提水灌溉工程,重点应该放在对大型灌区节水改造和续建配套、大型泵站改造、小型农田水利建设、高新节水技术

推广、种植结构优化调整等方面，通过这些措施减少农业灌溉用水量；中游南苏丹要在减少苏德湿地水量无效损失方面采取必要的措施，进一步论证琼莱渠的可行性和必要性，争取尽可能为中下游地区社会经济发展提供水资源保障；上游埃塞俄比亚、肯尼亚、布隆迪、坦桑尼亚等国可适当新增加一些灌溉面积，提高农业灌溉水平，逐步缩小与中下游国家的农业发展差距；探讨通过必要工程措施来防止或减少流域内主要湖泊、水库蒸发损失的途径和方法，全面提高流域水资源利用效率和效益，确保流域可持续发展。

5.1.2　上游国家水资源开发利用及保护建议

5.1.2.1　全面摸清社会经济发展对水资源的需求

尼罗河流域上游国家主要涉及坦桑尼亚、布隆迪、卢旺达、肯尼亚、乌干达、埃塞俄比亚和南苏丹。这些国家和非洲其他大部分国家一样，近年来经济发展呈现出较快增长势头，人民生活水平得到了一定程度的改善。但与其他发展中国家相比，特别是和西方发达国家相比，社会经济仍然十分落后，贫困面积比较大，群众温饱问题远未解决。其共同特点是：一方面人口众多、经济落后，人民生活水平普遍偏低，但另一方面包括水资源在内的大部分自然资源没有得到充分利用，影响了社会经济全面发展。以农业生产为例，不仅农业生产方式比较落后，而且较为丰富的水资源远没有得到有效利用，致使农业生产水平低而不稳。我们必须充分认识到，农业是非洲国家发展的基础，而水资源能否有效利用是其中最为关键的因素。但目前的现实是人们并未充分认识到这一点，农业发展方向还不明确，对影响农业发展的关键问题研究不够，缺乏长远发展目标和统一规划。因此，今后相关国家要切实重视水资源开发利用规划的研究与制定，紧紧围绕国家制定的发展目标，全面摸清社会经济发展对水资源的需求，提高水资源利用效率，真正做到以水资源的可持续利用保证社会经济的可持续发展。

5.1.2.2　上游主要国家水资源开发利用和保护建议

1. 坦桑尼亚

尼罗河流域共涉及坦桑尼亚北部的 5 个省份，全部位于维多利亚湖周边，包括阿鲁沙(Arusha)、马拉(Mara)、欣延加(Shinyanga)、姆万扎(Mwanza)和卡盖拉(Kagera)共5个省，总面积约11.85万km^2，2012年总人口1 020.00万人。该区地处非洲高原中部，地势微缓起伏，有岛山散布其间，终年气候温暖，日照充足，年降水量800～1 000 mm，属典型的热带草原气候。该区是维多利亚湖(Lake Victoria)的主要产流区和水源补给区，较大支流有卡盖拉河(Kagera River)、马拉河(Mara River)等，其中卡盖拉河(Kagera River)被认为是尼罗河重要源头之一。与此同时，这里还分布着多处著称于世的森林公园，如卡盖拉国家公园(Kagera National Park)、马赛马拉国家公园(Masai Mara National Park)、塞伦盖蒂国家公园(Serengeti National Park)、乞力马扎罗山国家公园(Mount Kilimanjaro National Park)、阿鲁沙国家公园(Arusha National Park)、曼雅拉湖国家公园(Lake Manyara National Park)和恩罗恩戈罗自然保护区(Ngorongoro Natural Reserve)等，它们均由开阔的平原、林地和河岸森林组成，园内山峦起伏，河流纵横，大小湖泊星罗棋布，草肥水美，是野生动物繁衍生长的理想世界。该区经济以农牧业为主，粮食能够勉强自给，主要农作物有玉米、小麦、稻米、高粱、小米、木薯等，主要经济作物有咖啡、棉花、剑麻、腰果、丁香、茶叶、烟叶等，养牛业发达，是非洲中部有名的畜产品基地之一。

鉴于该区是尼罗河源头的重要组成部分，生态环境的好坏直接关系到尼罗河流域水资源的多寡和河流健康。因此，第一应该将水资源保护作为其头等大事，借鉴中国在黄河、长江源头等重要水源涵养区开展水土保持和生态修复的经验，通过草场禁牧、围栏封育、人工补种、舍饲养殖等措施，提高水源涵养能力，确保尼罗河健康和水量稳定。对海拔较高、自然条件较差、草场退化严重的地区，采取禁牧措施，通过围封禁牧，禁止人畜破坏，为草场自然修复、涵养水源创造条件；对海拔较低、自然条件相对较好、具有一定覆盖度的草场，采取围栏封育、轮牧等措施，同时结合毒草和鼠害草地治理，促进草场自然修复。与此同时，为了配合禁牧区的措施，真正实现禁得住、不反弹，需要配套建设舍饲养殖设施，主要包括羊舍、牛棚等，以此改变传统牧业生产方式，减轻草场压力，保护生态环境，保障农牧民生活水平不降低。

第二，要重点发展一定规模的灌溉工程，改善农业基础设施。马拉、欣延加、姆万扎等省农业种植面积较大，以旱作农业为主，靠天吃饭，粮食产量低而不稳。同时，大量开荒种地，加剧了水土流失，降低了水源涵养能力。因此，建议今后该地区集中建设一批灌溉工程，发展一定规模的高产稳产田，在提高粮食单产上做文章，并通过退耕还林还草措施，尽可能把坡度较陡、土质较差的耕地退还给生态，提高水源涵养能力。

第三，重视城乡供水工程建设，切实解决民生问题。尽管该地区降雨丰沛，水资源较为丰富，但由于基础设施建设落后，群众生活饮水困难仍然是一个非常严重的社会问题，极大地影响了群众的身心健康。因此，建议今后要充分利用相关国家和一些国际机构开展的援助项目，加快城乡供水工程建设步伐，从根本上改变城乡供水落后的局面。供水工程建设要因地制宜，城市以现有工程的挖潜改造为主。农村地区经济发展水平较高，水源有保证的地区，建设集中供水工程；反之，在经济较差且没有适当水源的地区，可以借鉴中国甘肃省经验，通过发展雨水集蓄利用工程，解决群众的生活饮水问题。

第四，适当发展水电工程，解决能源不足的问题。维多利亚湖周边的支流河道比降普遍较大，水量丰沛，水能资源蕴藏量大，在不致引起较大生态环境问题的前提下，如果能够适当开发一部分水能资源，可最大限度地缓解该地区能源紧张状况。同时，水能资源属于清洁能源，与柴油发电相比，不会污染环境。

第五，重视野生动物饮水安全问题。众所周知，著名的非洲动物大迁徙即发生在该地区，这里也是角马、蹬羚、斑马等珍稀动物的乐园，人类应该想尽一切办法为它们创造良好的生存环境。近年来，由于气候变化，人类对水土资源的过度开发，水资源减少，干旱现象时有发生，由此而造成的动物渴死现象比较严重，影响到这一地区动物群落的生存。因此，建议通过人工措施，规划建设一批野生动物补充饮水工程，为野生动物繁衍生息创造良好的环境。

2. 布隆迪

布隆迪共有卡杨扎（Kayanza）、穆拉姆维亚（Muramvya）、穆瓦洛

(Mwaro)、基特加(Gitega)、卡鲁济(Karuzi)、恩格齐(Ngozi)、穆因加(Muyinga)和基隆多(Kirundo)等8个省位于尼罗河流域,2012年总人口510万人,流域内国土面积1.39万km^2。该区位于布隆迪西北部,境内多高原和山地,大部分由东非大裂谷东侧高原构成,平均海拔1 600 m,有“山国”之称,贯穿南北的埃吉皮拉山(E Gio Plar Mountain)是尼罗河和刚果河流域的分水岭。境内河网稠密,水资源较为丰富,较大的河流有鲁武武河,也是尼罗河源头之一。该区属于典型的热带草原气候,多年平均降水量1 000 mm以上,日照充足,适宜于农业生产。布隆迪为农牧业国家,是联合国宣布的世界最不发达国家之一,其发展经济的困难在于国家小,人口多,资源贫乏,无出海口。该区90%以上人口从事农牧业,主要粮食作物有玉米、大米、高粱、薯类、芭蕉等,经济作物有咖啡、茶叶、棉花,大部分供出口,牧场面积占总面积的30%。总体来看,由于该区大部分面积为森林和草原,经济发展水平略低于西部坦葛尼喀湖流域,工农业生产较为落后,特别是农业发展仍然处于比较原始的状态,群众生活比较困难。

第一,要遏制较为严重的水土流失,确保生态环境好转。该区也是尼罗河流域的主要水源涵养区,总体来看植被状况良好,与西部的坦葛尼喀湖流域部分相比,水土流失轻微。但和以往相比,由于人口增加迅速,对各类资源的需求量增加,特别是对水土资源的需求增长迅速,人为开荒现象严重,使水土流失现象有所加剧,降低了水源涵养能力。今后,必须通过政策措施控制人口增长,减少对自然资源的掠夺,同时要采取必要的水土保持措施,遏制和减少水土流失现象的发生,包括封山育林、禁牧、退耕还林等,最大限度地保护好生态环境,确保水源涵养能力不再降低。

第二,解决好城乡供水问题。基础设施落后,工程老化失修,供水能力严重不足,水资源严重短缺,这是该区城乡供水面临的主要问题。特别是生活在边远山区的农牧群众,饮水安全没有任何保障,基本是依靠当地的山泉小溪作为主要饮用水水源,水质较差,群众健康受到严重威胁。在湖边、河流等水源有保证的地区,尽可能规划建设集中供水工程,其他地区要充分利用天然降雨,推广雨水集蓄利用工程,这是解决

城乡安全饮水的重要手段和途径。

第三,适度开发鲁武武河的水力资源。鲁武武河是非洲中部的河流,发源于布隆迪以北卡杨扎(Kayanza)附近,在基特加(Gitega)附近与卢维隆沙河(Ruvyironza River)汇流后进入鲁武武国家公园,最终在坦桑尼亚和卢旺达接壤的边界与尼亚瓦龙古河(Nyawarungu River)汇合成为卡盖拉河(Kagera River)。鲁武武河河道全长约300 km,上游布隆迪境内的山区河段具备开发条件,可在全面勘测的基础上,规划并建设一定规模的小水电,主要用于解决农村能源不足的问题,也是防止乱砍滥挖、水土流失,保护环境的措施之一。

3. 卢旺达

卢旺达位于非洲中东部赤道南侧,是一个典型的内陆小国,2012年总人口930万人,流域内国土面积20 625 km^2,大部分地区属热带高原气候和热带草原气候,温和、凉爽,年平均气温18 ℃,年降水量1 200~1 600 mm。全国共分为东部省、北部省、西部省、南部省四省和基加利市(Ville de Kigali),下设40个县(市)、416个乡(镇)。巨大的山峰(高达3 000 m)由北向南贯穿全境,将卢旺达分为东、西两部分,其中西部属于刚果河流域,包括西部省的全部和南部省的大部;东部属于尼罗河流域,主要包括首都基加利市、北部省和东部省的全部以及南部省的一小部分。在西部,从基伍湖笔直地升起伯安隔火山(Virunga),首先下降成多丘陵的中部高原,然后进一步围绕着卡盖拉河(Kagera River)的高地向东形成沼泽湖,这里有著名的卡盖拉国家公园(Kagera National Park)。地势西高东低,多山地和高原,有"千丘国"之誉,中部海拔1 400~1 800 m,多浑圆低丘,东、南部海拔1 000 m以下,多湖泊和沼泽。最高峰卡里辛比火山(Mont Karisimbi)海拔4 507 m。境内水网较稠密,水资源较为丰富,尼亚瓦龙古河(Nyawarungu River)[为卡盖拉河(Kagera River)的上游支流],湖泊众多,包括布莱拉湖(Lake Burera)、穆哈泽湖(Lake Mohazi)、穆盖塞拉湖(Lake Mugesera)、鲁圭罗湖(Lake Rugwero)、南萨胡哈湖(Lake Cyohoha Sud)。森林面积约6 200 km^2,占全国面积的29%,是卢旺达重要的自然资源之一。

卢旺达是一个传统的农牧业国家,农牧业人口占全国人口的

92%。全国可耕地面积约 185 万 hm^2,已耕地面积 120 万 hm^2。天然牧场面积占全国总面积的 1/3。经济作物主要有咖啡、茶叶、棉花、除虫菊、金鸡纳等,大部分供出口。50%以上的农民拥有小于 1 hm^2 的私有土地,其余农民,尤其是战后归来的难民耕种国有土地,向国家纳税。1994 年内战使农牧业生产遭到破坏。近年来,卢旺达政府采取新农业政策,增加农业投入,提高粮食产量,促进畜牧业发展,农牧业总产值已超过战前水平。2010 年,卢旺达渔业年捕捞量 15 526 t。4%的农民养蜂,年蜂蜜产量 3 500 t,南部省占 41%。2010 年,农业增长率为 4.7%。

水资源开发利用和保护不仅关乎卢旺达本国社会经济可持续发展,而且由于卢旺达处于尼罗河上游地区,卢旺达东部地区的水资源开发利用也涉及整个尼罗河流域。鉴于此,卢旺达水资源开发利用应重点加强以下几方面工作:

第一,进一步加强城乡安全供水工程建设。卢旺达虽然水资源较为丰富,但水质较差,安全饮用水缺乏,是受水质危机影响最大的国家之一,国民 80%的疾病来源于饮水,11%的卢旺达孩童在 5 岁之前就因病死亡。近年来,虽然在有关国家和国际组织的帮助下,建设了一些安全饮水项目,如由荷兰政府、卢旺达政府和世界儿童基金会共同出资 2 100 万美元建设的水与卫生工程,通过克林顿全球计划实施的宝洁公司安全饮用水计划项目等,这些项目极大地改善了目前卢旺达普遍存在的生活用水短缺和清洁度低的问题。但由于缺乏安全饮用水的范围和人口较大,今后仍然要进一步加大工作力度,积极争取国际组织援助,早日解决群众安全饮水问题。城市以建设集中供水工程为主,农村地区有水源保证的地区,可适当建设集中供水工程,没有水源的地区,要充分利用天然降雨,积极推广并全面发展雨水集蓄利用项目。

第二,积极发展灌溉工程。卢旺达东部的尼罗河流域是传统的雨养农业区,灌溉意识淡薄,粮食产量低而不稳。近年来,由于气候变化,降雨减少,影响了农业生产,当地政府和群众对发展灌溉有了新的认识。2009 年,卢旺达农业部通过“政府灌溉资金”项目,投资 50 亿卢郎在东部省恩亚噶塔尔区建设农田灌溉项目,提高了大部分易旱地区的农作物产量,产生了很好的示范效果。今后该地区要在尼亚瓦龙古河(Nyawarun-

gu River)河谷、湖泊周边等水源有保证的地区,积极发展一批灌溉项目,提高抵御旱灾的能力,从根本上扭转“靠天吃饭”的被动局面。

第三,环境保护是社会经济可持续发展的基础,必须进一步加强。卢旺达是一个具备显著生态多样性和美丽自然景致的非洲国家,在这个以“千丘之国”闻名的国度,共有 6 座火山、23 个湖泊和无数的河流,其中有些河流汇聚后便成了著名的尼罗河的源头,世界上仅存的 750 只山地大猩猩有约 1/3 生活在这里。对卢旺达而言,环境是社会经济、政治和文化发展的一个极其重要而敏感的因素。卢旺达丰富的水资源和生物多样性以及独特的地貌,是该国人民生计、经济和社会结构的基础。但是,这一切在近年来都变得非常脆弱,并受到严重威胁,从而影响了该国的经济社会发展和民生稳定。因此,今后要采取一系列综合措施来改善和保护环境。从政策制定方面来讲,包括颁布环境法、设立环境管理机构、制定生物多样性和野生物种保护政策;从相关项目开展方面来讲,包括保护湿地和森林,以及在全国范围开展植树活动、保护河岸和湖滨,从而保护生物多样性;对保护区周边的社区开展旅游收入分享计划;在全国范围内禁用无法生物降解的塑料袋,开展“Umuganda”社区工作,活动包括垃圾清理、植树和城市绿化;在基加利市(Ville de Kigali)地区重点开展垃圾收集,将垃圾回收并再造成为块状薪柴替代品;开发可再生能源(沼气、太阳能、水电)并在学校、家庭和公共及私营机构中推广雨水收集利用工程。

4. 肯尼亚

肯尼亚国土总面积 58.26 万 km^2,位于非洲东部,地跨赤道,东南濒临印度洋,沿海为平原地带,其余大部分为平均海拔 1 500 m 的高原。东非大裂谷东支纵切高原南北,将高地分成东、西两部分。尼罗河流域部分位于裂谷西侧,涉及尼扬扎省(Nyanza Province)、西部省全部和裂谷省部分,面积 5.18 万 km^2,2012 年人口 1 700 万人。

该区地处高原,植被良好,森林茂密,属亚热带森林气候,年降水量 750~1 000 mm,各月平均温度都在 14~19 ℃。主要河流是著名的马拉河,全长 395 km,流域面积 13 504 km^2,其中 60%位于肯尼亚境内,40%位于坦桑尼亚境内,河流发源于肯尼亚多雨的山区,即使在旱季时也从不断流。野生动物每年都要横渡马拉河，在肯尼亚的马赛马拉国家公园（Masai Mara National Park）和坦桑尼亚的塞伦盖蒂国家公园（Serengeti National Park）之间来回迁徙，在世界壮观野生动物大迁徙中占有重要地位。

肯尼亚是撒哈拉以南非洲经济基础较好的国家之一。农业是国民经济的重要支柱之一，2010 年农业产值约占国内生产总值的 24%，全国 70%以上的人口从事农牧业生产。可耕地面积 10.48 万 km^2（约占国土面积的 18%），其中已耕地面积占 73%，主要集中在西南部（尼罗河流域部分）。农业、服务业和工业是国民经济三大支柱，茶叶、咖啡和花卉是农业三大创汇项目。旅游业较发达，为主要创汇行业之一。工业在东非地区相对发达，日用品基本自给。

当地在水资源开发利用和保护方面存在的主要问题包括：一是生态环境遭到人为破坏，水土流失严重；二是城乡供水，特别是农村安全饮用水比较困难；三是农田灌溉基础设施落后。为此，本地区水资源开发利用和保护的重点应该包括：

第一，逐步遏制生态环境恶化势头。由于人口增长较快，人口密度大，为了生存不得不大量开荒垦殖，大量森林被砍伐，人为造成的水土流失非常严重，大大降低了尼罗河流域的水源涵养能力。今后在农区应重点借鉴中国在黄土高原区推行的退耕还林措施，人均耕地面积控制在 3 亩左右，其余面积全部退出，为了不影响群众生活，可仿照中国经验，依靠政府或国际组织给予群众适当补助。在牧区，实行封禁、轮牧等措施，逐步提高单位面积的载畜量。

第二，加强供水能力建设，确保群众饮水安全。本地区尽管降水量较大，水资源较为丰富，但群众饮水仍然比较困难，主要饮用当地未经过处理的天然山泉水，水质较差。今后，应适当规划建设一批集中供水工程，争取自来水到户，水源没有保障的地区，发展一定数量的雨水集蓄利用工程，改善流域内民生问题。

第三，积极发展一定规模的灌溉面积。目前的农业生产方式是大量开垦，广种薄收，灌溉基础设施较差，灌溉保障程度低，粮食产量低。近年来，当地政府在国际组织的大力援助下，虽然在裂谷省的纳罗可县

马拉河沿岸建设安装了十多处大型时针式喷灌设施，产生了很好的节水增产示范效果，但总体来看，灌溉设施数量和规模有限，与发展现代农业的要求差距还很大。今后要重点规划发展一定规模的灌溉工程，并注重节水灌溉技术的推广应用，深度挖掘土地生产力，压缩耕地面积，提高单产，实施退耕还林还草。

5. 乌干达

乌干达是非洲东部内陆国家，横跨赤道，东邻肯尼亚，南接坦桑尼亚和卢旺达，西接刚果(金)，北连南苏丹。行政区划包括北部省、东部省、西部省和中环省。总面积24.01万km^2，95%的面积属于尼罗河流域，属于刚果河流域的面积不足5%，总人口3 540万人。

全境大部位于东非高原，多湖，平均海拔1 000~1 200 m，有"高原水乡"之称。东非大裂谷西支纵贯西部国境，谷底河湖众多。裂谷带与东部山地之间为宽阔的浅盆地，多沼泽。东部边界有埃尔贡山(Elgon Mountain)，海拔4 321 m；西南部与刚果(金)接壤处有鲁文佐里山脉(Rwenzori Mountains)，玛格丽塔峰(Margherita Peak)海拔5 109 m，是全国最高峰、非洲第三高峰。境内多河湖沼泽，其面积约占全国面积的17.8%。维多利亚尼罗河与艾伯特尼罗河(Albert Nile)水量丰沛，沿河多险滩瀑布。维多利亚湖是世界第二、非洲最大的淡水湖，有42.8%在乌干达境内。其他还有艾伯特湖(Lake Albert)、爱德华湖(Lake Edward)、基奥加湖(Lake Kyogo)、乔治湖(Lake George)等。大部地区属热带草原气候，从埃尔贡山到维多利亚湖沿岸，有热带森林气候特点。

乌干达虽位于赤道线上，但由于地势较高，河流纵横，湖泊星罗棋布，因而雨量充沛，植物繁茂，四季如春，曾被丘吉尔喻为"非洲明珠"。年平均气温为22.3 ℃。10月气温最高，平均23.6 ℃；6月气温最低，平均21.4 ℃。大部分地区年降水量在1 000~1 500 mm，3~5月、9~11月为雨季，其余为2个旱季。

已探明矿产资源有铜、锡、钨、绿柱石、铁、金、石棉、石灰石和磷酸盐等。森林覆盖率为4%，产硬质木材，蓄积量达9亿t。水产资源丰富，维多利亚湖是世界上最大的淡水鱼产地之一。水力发电潜力约2 000 MW。尼罗河上的欧文电站(Owen Falls Power Plant)是工业动力的重要来源,发电能力 180 MW,实施的扩建工程设计新增 200 MW 的发电能力。

乌干达是联合国公布的世界最不发达国家之一。2012 年国内生产总值约 184.7 亿美元,人均国内生产总值 1 462 美元。农牧业在整个国民经济中居主导地位,占国内生产总值的 70% 和出口收入的 95%。农业人口约占全国人口的 89%。粮食自给有余。全国可耕地面积占陆地总面积的 42%,已耕地面积 500 万 hm^2。主要粮食作物有饭蕉、小米、木薯、玉米、高粱、水稻等。主要经济作物有咖啡、棉花、烟草、茶叶等。畜牧业在经济中占重要地位,近 50 万人从事畜牧业生产。

总体来看,与周边的卢旺达、布隆迪、坦桑尼亚以及肯尼亚等国相比,乌干达在水资源开发利用和保护方面走在了其他国家的前面。水利部门将保证居民能用上清洁水作为当务之急,在不同地区采取了不同的措施:第一,发展和扩大城市供水和排污系统;第二,增加对小城镇投资,保证小城镇居民用上清洁水;第三,在农村和牧区大量兴修水利项目;第四,为保护农村水源,政府在农村小学兴建 4 206 个厕所。为保护有限的水资源,乌干达政府引进了可持续开发水资源的一整套管理办法:一是采取许可证制度,其中包括用水许可、排污许可、挖井许可和项目许可,以节约和合理使用水资源;二是对 70 个地表水源和 5 个地下水源进行监测,并对 103 个水源进行水质监测,为合理管理全国水资源提供了可靠数据;三是建立地表水和地下水情况以及水质和水储存等 4 个数据库;四是与尼罗河流域国家进行国际合作。尽管如此,饮水不安全人口的比例仍然高达 60%,灌溉面积偏小,“靠天吃饭”的被动局面仍然没有改善,毁林开荒的现象仍然很严重,农村小水电资源蕴藏潜力较大,今后有待进一步开发。为此,提出如下建议:

第一,保护生态环境。乌干达 95% 以上的面积位于尼罗河流域,是流域主要的源头区之一。历史上植被良好,森林茂密,水源涵养能力强。近年来,由于人口增加,毁林开荒现象严重,人为加剧了尼罗河上游区的水土流失,使得尼罗河流域的水源涵养能力下降。今后,要加强与周边其他国家的密切合作,通过封育、禁牧和退耕还林等措施,恢复植被,保护生态环境,提高水源涵养能力。

第二，继续抓好城乡安全饮水工程建设。尽管在一些国际组织的帮助下，城乡安全饮水状况好于其他周边国家，但离保护群众健康生命的要求还有很大距离。今后，应该在进一步总结经验的基础上，多方争取建设资金，借鉴中国开展农村安全饮水的经验，有计划、分步骤解决乡村饮水不安全状况，确保人民群众身心健康。

第三，适当发展一部分灌溉面积。这一方面是满足人民对粮食的需求，同时是通过建设高产稳产田，实施退耕还林、保护植被、恢复生态、保护水源的需要。总体来看，建设的重点区域主要分布在维多利亚尼罗河与艾伯特尼罗河两岸，同时在维多利亚湖、爱德华湖、艾尔伯特湖岸边的土地具有一定的开发潜力，是今后发展灌溉的重点区域，山区要尽可能实施退耕还林，减少种植面积。

第四，适当开发山丘区小水电资源。维多利亚尼罗河与艾伯特尼罗河的水电资源开发程度较高，今后应该把开发的重点放在山丘区农村小水电资源方面，这是解决能源短缺的最有效措施，也是减少农村因为解决燃料问题乱砍滥伐的有效途径。发展的重点区域应该在东部埃尔贡山和西南部鲁文佐里山脉，这些地方小溪、小河众多，河道比降大，水力资源较为丰富。

第五，加强水环境保护力度。首都坎帕拉（Kampala）以及津加（Jinja）、卢韦罗（Luwero）、马萨卡（Masaka）、姆皮吉（Mpigi）和穆本德（Mubende）等大中城市大部分位于维多利亚湖岸边，人口相对集中，工业化程度较高，污水排放量比较大，目前还没有建设污水排放处理设施，对维多利亚湖的健康造成了威胁。今后，要把污水处理厂的建设纳入议事日程，建设污水处理厂，实行达标排放，切实保护好尼罗河流域源头——维多利亚湖的水环境。

6. 埃塞俄比亚

埃塞俄比亚位于非洲东部，为内陆国家，国土面积110.36万km^2。境内以山地高原为主，大部属埃塞俄比亚高原，东非大裂谷从东北向西南纵贯全境，将埃塞俄比亚高原分成东、西两部分。全国平均海拔约3 000 m，素有“非洲屋脊”之称，锡门山脉（Simien Mountain）的达善峰（Ras Dashen）海拔4 623 m，为全国最高峰，高原四周地势逐渐下降。

全国有30多条较大河流均发源于中部高原,青尼罗河(Blue Nile River)、特克泽河(Takaze River)、巴罗河(Baro River)等均属尼罗河水系,谢贝利河(Shebeli River)和朱巴河(Jubba River)属印度洋水系。较大湖泊有塔纳湖(Lake Tana)、齐瓦伊湖(Lake Ziway)、阿比亚塔湖(Lake Abaya)。埃塞俄比亚地处热带,但因地势高,大部地区气候温和,年平均气温10~27 ℃,年均降水量1 000 mm以上。矿物种类较多,地热、水力、森林资源丰富。

埃塞俄比亚2012年总人口8 654万人,国民生产总值971亿美元,人均1 122.02美元。行政区划包括2市、9州,分别是亚的斯亚贝巴市(Addis Ababa)、德雷达瓦市(Diredawa)和阿法尔州(Afar)、阿姆哈拉州(Amhara)、甘贝拉州(Gambela)、宾香古尔州(Benishenagul)、哈勒里民族州(Harari)、奥罗莫州(Oromo)、索马里州(Somali)、南方各族州(SNNP)以及提格雷州(Tigray)。尼罗河流域涉及提格雷州(Tigray)、阿姆哈拉州(Amhara)、宾香古尔州(Benishenagul)、奥罗莫州(Oromo)、哈勒里民族州(Harari)5个州,流域面积约36.51万km^2,占全国总土地面积的33.08%。

农业是埃塞俄比亚国民经济的主要支柱,其产值占国内生产总值的41.6%,全国有80%以上的劳动力从事农业生产。全国有可耕地约8 500万hm^2,已耕种约1 600万hm^2,灌溉土地有350万hm^2。埃塞俄比亚盛产小麦、大麦、玉米、高粱和台麸。咖啡是埃塞俄比亚最主要的经济作物,咖啡出口收入占全国出口总收入的60%。畜牧业占农业的比重为38%,牧场面积占国土面积的51%,牲畜主要有牛、绵羊、山羊,牲畜存栏数为非洲第一,世界第十。

有关文献研究表明,埃塞俄比亚贡献了尼罗河约85%的径流量。就埃塞俄比亚全国的水资源状况而言,其中70%的水资源量分布在尼罗河流域,耕地灌溉率和水电开发率都仅为1%左右。由此可见,埃塞俄比亚水资源开发利用程度很低,这也是造成埃塞俄比亚经济落后的主要原因之一。虽然雨量相对充沛,但埃塞俄亚比饮用水依然短缺,农村人口安全饮水没有保障,严重影响群众健康。同时,由于乱砍滥伐,造成森林破坏严重,每年有880 km^2森林消失,现状森林覆盖率约为

3%，水土流失严重，据调查洪水期尼罗河80%的泥沙来自青尼罗河。为此，就埃塞俄比亚未来一段时期水资源开发利用提出如下建议：

第一，适度发展一定规模的灌溉面积。埃塞俄比亚农田灌溉配套面积只占耕地面积的2.46%，而且主要集中在东北部的内流河阿瓦什河流域（Awash Basin），尼罗河流域几乎空白。埃塞俄比亚尼罗河流域地处高原，地形地貌类似于甘肃陇东黄土高原，塬面集中连片，规模大，土地平整，具有发展灌溉农业的条件。但由于缺乏灌溉设施，只能依靠自然降雨发展雨养农业，一年一熟，无法复种，粮食产量低而不稳，仍然需要大量进口。今后要在尼罗河流域，尽可能创造条件，通过建设蓄水、引水、提水工程等水资源开发利用工程，发展一定数量的灌溉面积，扩大复种指数，进一步增强农业生产后劲。现阶段开发的重点区域是塔拉湖的5条支流——古美拉河、利浦河、梅格西河、吉尔戈尔河以及杰玛河。本区水资源较为丰富，两岸土地肥沃且集中连片，是发展灌溉农业的最佳选择。通过在这些河流上筑坝引水可发展7.8万hm^2灌溉面积，这些灌溉工程可以为那些有意从事如花卉、甘蔗等经济作物种植的投资者和农民带来可观的经济效益。

第二，加快水力资源开发力度。埃塞俄比亚水电资源非常丰富，其中可开发装机容量达4 500万kW。由于埃塞俄比亚能源及其他化石资源如石油、煤炭、天然气缺乏，因此水电成为该国电力建设的重点，并成为现政府制定的振兴经济的六大战略之一。埃塞俄比亚水电资源虽然丰富，但已开发的只有3.3%，总装机容量约153.4万kW。目前，埃塞俄比亚仅25%的城镇、22%的人口有电力供应，年人均耗电量仅30 kW·h左右。农村地区几乎没有电力供应，即使是在首都亚的斯亚贝巴，仅有33%的居民获得了电力供给，农村地区的总电气化率只有6%。因此，水电资源开发是未来一段时期埃塞俄比亚经济建设的重点，也是振兴国民经济的主要途径。目前的重点是抓好复兴大坝工程建设，该工程总投资50亿美元，装机容量600万kW，2011年开工，是非洲最大的水力发电设施。

第三，早日实现千年目标规定的安全饮水目标。长期以来，埃塞俄比亚人民一直遭受着长距离取水的沉重负担和由于缺乏安全、洁净饮用水而存在的水源致病物的潜在危害。近年来,在政府和非政府组织的共同努力下,农村安全饮用水供应状况有了很大改善。截至2010年底,埃塞俄比亚境内获得安全饮用水供应的范围已达到50%,其中农村42%,城市78%,总体来看城乡供水状况好于尼罗河流域上游其他国家,但要实现联合国千年发展目标中规定的饮用水安全目标,城乡供水工程建设的任务依然很重。因此,今后要继续依靠一些国际组织,多渠道争取资金和项目,努力增加安全饮用水的供应。目前解决安全饮水的重点地区是甘贝拉州、宾香古尔州等地区。

第四,进一步保护并改善生态环境。埃塞俄比亚是尼罗河流域青尼罗河的源头区,也是主要的水源涵养区,生态环境的好坏直接关系到青尼罗河以及尼罗河的健康。总体来看,由于人口稀少,该区域四周边缘地区相对来说自然环境还处于较为原始的状态,如西南面的奥莫国家公园(Omo National Park)和马戈国家公园(Mago National Park)以及内奇萨国家公园(Nechisar National Park),东边的阿瓦什国家公园(Awash National Park)和北边的瑟门山国家公园(Simien Mountains National Park),特别是西部、南部植被良好、森林茂密,野生动物种类繁多,水土流失轻微。但在高原中北部的阿姆哈拉(Amhara)等地区,由于人口稠密、经济发达,人为的乱砍滥伐现象严重,造成大量水土流失,也是青尼罗河主要沙源区。根据有关资料,埃塞俄比亚的土地侵蚀率是世界平均水平的137倍,已经失去了40%的森林,塔纳湖的水位也在过去400年中下降了近2.0 m。因此,建议今后要控制土地开垦规模,重点发展产出能力较高的灌区,改变广种薄收的现状,实施退耕还林、封育等措施,恢复植被,提高水源涵养能力。

第五,注意保护水环境。埃塞俄比亚经济发展速度较快,工业发展也有一定的规模,需水量增加较快,与过去相比,污水排放增加幅度也很大,首都地区的水污染现象比较严重就是最好的例证。但是,由于缺乏水资源管理的长远规划,加之资金有限,一些污水处理设施建设没有跟上,不仅影响了当地的水环境,而且对下游的尼罗河及其相关国家的用水也造成了影响。建议今后要加快、加大污水治理力度,确保尼罗河流域水环境改善和河流健康。

7. 南苏丹

南苏丹位于非洲东北部，北纬 4°～10°，是内陆国。东邻埃塞俄比亚，南接肯尼亚、乌干达和刚果（金），西邻中非，北接苏丹。地形呈槽形，东部、南部、西部边境地区多丘陵山地，中部为黏土质平原，南部边境的基涅提山（Kinyeti Mountain）海拔 3 187 m，为全国最高峰。以热带雨林、草原及沼泽为主，东部的博马自然公园（Boma National Park）、靠近刚果（金）边界的南部国家公园（Southern National Park）以及世界上最大的沼泽地——苏德湿地公园（Sudd Park），都是非洲著名的生态保护基地。南苏丹属热带草原气候，每年 5～10 月为雨季，气温 20～40 ℃，11 月至翌年 4 月为旱季，气温 30～50 ℃。

南苏丹行政区划共分为 10 省，分别为北加扎勒河省（Northern Bahr el Ghazal）、西加扎勒河省（Western Bahr el Ghazal）、湖泊省（Lakes）、瓦拉布省（Warrap）、西赤道省（Western Equatoria）、中赤道省（Central Equatoria）、东赤道省（Eastern Equatoria）、琼莱省（Jonglei）、西上尼罗省（Western Upper Nile）和上尼罗省（Upper Nile），全部省份均位于白尼罗河流域。

经济状况总体比较落后。南苏丹国土面积 61. 97 万 km^2，2012 年人口总量 961. 00 万人，国民生产总值 132. 27 亿美元，人均 GDP 1 376 美元，可耕地约 2 500 万 hm^2，大型牲畜 1 500 万头，羊 2 000 万头。总体来看，南苏丹基础设施薄弱，经济欠发达，是目前世界上最不发达国家之一。道路、水电、医疗卫生、教育等基础设施及社会服务严重缺失。几乎没有规模化工业生产，工业产品及日用品完全依赖进口。农业处于原始状态，生产效率非常低，基本靠天吃饭，粮食、蔬菜及水果等几乎全部依赖进口。南苏丹超过 90%的人口平均每天生活费不到 1 美元，几近全国赤贫。南苏丹石油储量丰富，石油产量占原苏丹石油出口总量的 85%，石油是南苏丹重要的经济来源。从长远来看，南苏丹在农、林、渔、畜牧等产业方面具有较大潜力，水源丰沛稳定的白尼罗河和众多支流从这里流过，水力资源丰富，水电发展潜力巨大。

从水资源开发利用来看，虽然水资源较为丰富，但仍然存在不少问题。尚无统一的城镇供水系统，饮用水直接取自河流、湖泊或水井，安全饮水人口比例除中赤道省接近10%外,其余各省均不到5%;无国家或区域电网,只有零星城镇局部供电,以柴油机组发电,丰富的水电资源没有得到很好的开发利用。另外,水量的无效蒸发也是水资源开发利用中存在的主要问题之一。因此,本区水资源开发利用措施重点应该包括:

第一,发展城乡供水是当务之急。由于饱受战争折磨,南苏丹人民的生活饮水问题始终是困扰他们健康生活的最大难题,不仅是农村地区、难民营的安全饮用水缺乏,即便是在城镇,符合卫生标准的饮用水也很缺乏。因此,在南苏丹各地帮助受冲突影响的人获取安全用水不仅是南苏丹各级政府义不容辞的责任,也是国际社会和有关组织的共同义务。建议在水源有保证、人口相对集中的城镇,建设集中供水工程。在偏远农村、难民营等地主要通过打井、建设雨水集蓄利用工程来解决群众的安全饮水问题。

第二,加大水电资源开发力度。南苏丹是"槽"状地形,东、西、南三面被大山环绕,地势比较高,北面是白尼罗河的出口,地势低洼。这种地形决定了白尼罗河干流坡度平缓,水力资源潜力有限,但东、西、南三个方向的支流坡度较大,水量丰富,水电资源潜力较大。由于多种原因,特别是战争,使得这里的水电资源开发程度很低。今后,要把加扎勒河(Bahr al-Ghazal River)、朱尔河(Jur River)、通季河(Tonj River)等支流的水电资源开发纳入议事日程,开发干净环保的水电资源,逐步淘汰落后且污染环境的柴油发电装置。

第三,保护苏德湿地。苏德湿地宽320 km、长400 km。苏德沼泽是由于白尼罗河流经苏丹南部时,地势低平,流速转缓,广为泛滥,继而形成的大片沼泽地,这里是非洲主要湿地之一。每年的5~10月为雨季,河水漫溢,一片汪洋,沼泽面积可达5.18万km^2以上,附近部落通常以芦苇编成浮岛,在浮岛上捕鱼,形成一种浮动式捕鱼营地。当地的尼罗族人,在雨季前便迁居于高地,待洪水消退时,再由高地迁往河岸或有水的低洼地区放养牛群。1980年初,这里建成了380 km长的琼莱运河(Jonglei Canal),运河的建成不仅为作物提供了灌溉,有助于增加埃及的水供应,而且还绕过了苏德沼泽。这是因为从尼禄山流入苏

德沼泽的一半水量蒸发或渗入地下。广阔的苏德沼泽地区群岛分布，是非洲最难得的野生动物栖息地。但 20 多年的内战毁灭了当地很多的野生动植物。几年前，自然保护者在当地乘一架小飞机从上空交叉巡视，进行该地几十年来的第一次动物统计，令人惊喜地发现了阵容浩大、被视为非洲标志的野生动物群。

5.1.2.3　确保目标实现的一些措施建议

1. 制定各自国家的相关专项规划

尼罗河流域中上游国家普遍存在的安全饮用水缺乏、灌溉基础设施落后、电力资源匮乏等问题，是流域内国家面临的最大民生问题，也是影响这些国家社会经济发展的主要瓶颈，是今后发展过程中必须首要解决的问题。因此，相关国家首先要依靠自己的力量在做好实地调研的基础上，借鉴中国等国家的经验，做好安全饮水、灌溉发展、水电开发等专项规划，明确发展目标、建设任务、建设内容、建设计划、实施步骤等。

2. 通过多种渠道争取建设资金

尼罗河中上游国家大多比较贫困，经济落后，水资源开发利用需要大量投资，要这些国家自身承担全部建设资金，具有相当大的难度。虽然，近几十年来一些发达国家和国际组织都纷纷向非洲国家伸出了援助之手，解决了非洲人民的许多民生问题，但是，由于历史、战争、技术、资金等许多问题的困扰，基础设施建设历史欠账太多。因此，现阶段仍然需要发达国家或国际组织继续进行全方位的援助，加快以水资源开发利用为主的基础设施建设，改善民生，促进流域内国家经济的全面发展。

3. 切实做好水资源开发利用工程的管理

水利工程的运用、操作、维修和保护工作，是水利管理的重要组成部分。水利工程建成后，必须通过有效的管理，才能实现预期的效果和验证原来规划、设计的正确性。非洲国家，特别是尼罗河上中游的一些国家，在水利工程管理方面有许多经验教训，一些工程建成不久，由于管理不善，效益得不到很好地发挥，甚至用不了多久工程就彻底报废。中国的经验是“三分建、七分管”，水利工程管理的重要性由此可见一斑。因此，非洲国家要在水利工程管理上下功夫，做好水利工程的运行、操作、维修和保护。

5.1.3 中下游主要国家节水建议

5.1.3.1 苏丹

苏丹是非洲面积最大的国家之一，位于非洲东北部，红海沿岸，撒哈拉沙漠东端。苏丹全国气候差异很大，自北向南由热带沙漠气候向热带雨林气候过渡，最热季节气温可达 50 ℃，全国年平均气温 21 ℃，长年干旱，年平均降水量不足 100 mm。苏丹地处生态过渡带，极易遭受旱灾、水灾和沙漠化等气候灾害。苏丹是一个有丰富自然资源的国家，盛产阿拉伯树胶，其产量和出口量均居世界之首，苏丹因此也被誉为“树胶王国”。农业被认为是进行各种各样经济活动的关键支柱，在畜牧产品和矿产品方面也有着巨大的资源优势。

苏丹全国共设 17 个州，分别是喀土穆州（Khartoum）、北方州（Northern）、尼罗河州（Nile）、红海州（Red Sea）、卡萨拉州（Kassala）、加达里夫州（Gedaref）、杰济拉州（Gezira）、森纳尔州（Sennar）、白尼罗河州（White Nile）、青尼罗河州（Blue Nile）、北科尔多凡州（Northern Kordafan）、南科尔多凡州（Southern Kordafan）、北达尔富尔州（Northern Darfur）、西达尔富尔州（Western Darfur）、南达尔富尔州（Southern Darfur）、中达尔富尔州（Cebtral Darfur）、东达尔富尔州（Eestern Darfur）。除北方州（Northern）、西北部的北达尔富尔州（Northern Darfur）、西达富尔州（Western Darfur）部分面积属于其他流域，红海州（Red Sea）东部的部分流域河流流向红海外，其余各州全部位于尼罗河流域。

苏丹国土面积 188.61 万 km^2，2012 年人口总量 3 611 万人，GDP 总计 425.7 亿美元，人均 GDP 1 179 美元。总体来看，经济结构单一，以农牧业为主，工业落后，基础薄弱，对自然及外援依赖性强。为加快经济复苏的步伐，政府实施一系列经济改革措施，一方面，减少政府对经济的干预，实行市场经济，鼓励外国投资，发展农业，促进出口；另一方面，大力推进私有化进程。近年来，苏丹建立起石油工业。随着大量石油出口及借助高油价的拉动，苏丹经济保持快速增长，成为非洲经济发展最快的国家之一。目前，政府一方面逐步加大对水利、道路、铁路、发电站等基础设施以及民生项目投入力度；另一方面，努力改变财政严

重依赖石油出口的情况,将发展农业作为长期战略。

苏丹的大部分国土面积为沙漠所覆盖,主要经济活动大部分集中在白尼罗河、青尼罗河、阿特巴拉河和尼罗河干流河谷地区,人口密集,经济较为发达,水资源开发利用程度高。目前存在的主要问题是尼罗河河谷两岸灌溉发展较快,一方面造福了两岸人民,另一方面由于灌溉大量引水,尼罗河的水资源更加紧张,不仅影响了河流生态,而且造成流域内国家的用水矛盾更加突出。因此,就苏丹尼罗河流域的水资源开发利用提出如下建议:

第一,注重发展节水型灌溉农业。苏丹地处尼罗河下游,具有较好的水资源开发利用条件,因此先后在白尼罗河、青尼罗河、阿特巴拉河和尼罗河干流等河流上修建了麦洛维大坝(Merowe Dam)、杰贝勒奥里亚坝(Jebel Aulia Dam)、上阿特巴拉赛提联合坝(Upper Atbara and Setit Dam Complex)、海什姆吉尔拜坝(Khashm el-Girba Dam)、罗赛雷斯大坝(Roseires Dam)、森纳尔坝(Sennar Dam)等工程,产生了良好的灌溉、发电、供水等综合效益。截至2010年底,苏丹共发展灌溉面积约121.10万hm^2,全部集中在白尼罗河、青尼罗河、阿特巴拉河和尼罗河干流河谷地区,未来5年内计划再发展100万hm^2,总面积将达到221.10万hm^2,人均灌溉面积超过1亩。建议今后要适当控制灌溉规模,大力开展节水灌溉农业,通过大型泵站改造、大型灌区续建配套与节水改造,提高输水效率并减少蒸发损失,降低灌水定额,减少灌溉用水量。同时,要注重节水灌溉技术推广,特别是喷灌、滴灌等高新节水技术推广应用。

第二,发展完善边远山区人畜饮水工程建设。苏丹的水资源分布极不均匀,尼罗河及其支流沿岸水资源较为丰富。但在西南山区以及西北、东北等远离尼罗河干流区,由于降水稀少,水资源极其匮乏,人畜饮水困难,不仅影响了当地经济发展,而且还严重危害了人民健康。今后,在这些地区应通过打井、建设雨水集蓄利用工程,最大限度地解决当地的人畜饮水困难状况,增加供水。

第三,开展南部山区环境保护。南部山区和南苏丹接壤地带植被良好,也是尼罗河的水源涵养区。近年来,由于人口增加,特别是大量开采石油,造成的人为水土流失现象较为严重。今后要通过禁牧、封育等水土保持措施保护好这一地区的生态环境。

5.1.3.2　**埃及**

埃及位于非洲东北部,大部分地区海拔100~700 m,红海沿岸和西奈半岛有丘陵山地。全境96%为沙漠。最高峰为凯瑟琳山(Mount St. Catherine),海拔2 637 m。根据自然条件的差异,一般把埃及分为4个地区:尼罗河流域及尼罗河三角洲地区、西部沙漠地区、东部沙漠地区、西奈半岛地区。其中,尼罗河流域面积约30万km^2,约占国土面积的1/3。

尼罗河从南到北纵贯埃及东部,在埃及境内河段长达1 530 km,两岸形成宽3~16 km的狭长河谷,入海处形成2.4万km^2的三角洲,96%的人口聚居在仅为国土面积4%的河谷和三角洲地带,这里是埃及古文化的发祥地,是全国最重要的经济活动地区。尼罗河是埃及的生命线,是“埃及的母亲”,是具有舟楫、灌溉之利的重要的水利资源。世界四大文明古国之一的埃及,就是在尼罗河的哺育下,发展了其光辉灿烂的古文化。

全国干燥少雨,气候干热。埃及南部属热带沙漠气候,夏季气温较高,昼夜温差较大。尼罗河三角洲和北部沿海地区属亚热带地中海气候,气候相对温和,其余大部地区属热带沙漠气候。全境干燥少雨,年均降水量50~200 mm。其余大部分地区属热带沙漠气候,炎热干燥,气温可达40 ℃。每年4~5月常有“五旬风”,挟带砂石,损坏农作物。

埃及是非洲第三大经济体,属开放型市场经济,拥有相对完整的工业、农业和服务业体系。服务业约占国内生产总值的50%。工业以纺织、食品加工等轻工业为主。农村人口占总人口的52%,农业占国内生产总值的14%。石油天然气、旅游、侨汇和苏伊士运河是四大外汇收入来源。2012年国内生产总值2 346亿美元,人均国内生产总值2 578美元。

埃及1/3以上人口从事农业。耕地面积仅占国土面积的4.5%,绝大部分为灌溉地。耕作集约,年可二熟或三熟,是非洲单位面积产量最高的国家。主产长绒棉和稻米,产量均居非洲首位,玉米、小麦产量

居非洲前列，还产甘蔗、花生等。农业在埃及国民经济中占有重要的地位。农村人口占全国人口的52%。1998年全国可耕地面积占全国面积的3.5%。政府极为重视农业发展和扩大耕地面积。主要农作物有棉花、小麦、水稻、高粱、玉米、甘蔗、亚麻、花生、水果、蔬菜等。

就水资源开发利用而言，总体来看，由于地处尼罗河下游，引水十分便利，埃及水资源开发利用程度很高，是尼罗河流域用水量最大的国家。尼罗河沿岸建立了蓄、引、提等各类引水工程，水利基础设施非常完备，著名的阿斯旺大坝(Aswan Dam)即位于埃及南部与苏丹交界处，它是世界上最大的水库工程之一。其他水利工程也星罗棋布，为埃及社会经济发挥了重要而积极的影响。尽管如此，埃及的水资源开发利用也存在一些问题，特别是由于大量引水灌溉占用太多的水量指标，引起了下游国家的不满，在一定程度上影响了尼罗河流域国家之间的关系。因此，就埃及的水资源开发利用提出如下建议：

第一，大力推广节水灌溉技术。事实上，埃及在好多年以前就已经开始尝试推广节水灌溉技术，通过在纳赛尔湖修建提水泵站，在尼罗河西岸的沙漠中建起了几十座大型时针式喷灌机，产生了很好的节水增产效果。今后重点是要在尼罗河流域灌区积极开展灌溉试验，研究主要作物需水量，进而提出符合当地实际的灌溉制度和相应的灌溉技术，从而减少灌溉用水量。同时，要结合中国经验，在尼罗河流域灌区，特别是尼罗河三角洲灌区推广高新节水技术，开展小型农田水利建设、大型灌区续建配套和节水改造、大型泵站改造等，尽可能减少灌溉用水量。通过这些措施，促进流域水资源可持续利用和社会经济可持续发展。

废除农业灌溉用水免费的做法，培养节水意识，探讨农业用水收费机制，利用水费价格杠杆推动农业节水。另外，提高中水的处理和利用程度，提高水资源循环利用率，缓解埃及缺水问题。

第二，积极开展海水淡化尝试。海水淡化是水资源利用的开源增量技术，可以增加淡水总量，且不受时空和气候影响，水质好、价格渐趋合理，可以保障沿海居民饮用水和工业锅炉补水等稳定供水。大力发展海水淡化技术产业，对缓解当代水资源短缺、供需矛盾日趋突出和环境污染日益严重等系列重大问题具有深远的战略意义。目前,海水淡化利用技术已经比较成熟,在世界许多国家开始利用,如日本、美国、沙特阿拉伯、中国等。埃及北临地中海,东靠红海,在尼罗河水资源日益紧张的情况下,海水淡化利用有可能成为埃及水资源利用的重要补充。

第三,保护尼罗河健康。埃及是尼罗河流域经济发达国家,工业化程度比较高,对水的需求量比较大,工业污水和生活污水排放量也比较大,但由于污水处理设施不健全,大量未经处理的废污水被直接排放到尼罗河,使得水环境遭到严重污染。今后,要把城市污水处理设施建设纳入议事日程,加大污水处理工程建设力度,切实改善水污染状况,确保尼罗河流域健康。

5.2 流域管理规划建议

5.2.1 流域水资源管理面临的问题

作为世界上最长的河流,尼罗河从南部的维多利亚湖、东部的埃塞俄比亚高原流向北部的地中海,共计流经 11 个非洲国家,横越撒哈拉大沙漠,最后注入地中海。沿岸国家共同吸吮着它的甘霖,养育着千千万万的非洲人民。然而,长久以来,这些国家在如何合理分配和利用尼罗河水资源的问题上一直争论不休。近年来,由于水资源紧张的形势日趋严峻,流域内各国围绕尼罗河水资源的分配角逐愈发激烈。

5.2.1.1 水资源之争由来已久

尼罗河全长 6 671 km,流经坦桑尼亚、肯尼亚、乌干达、布隆迪、卢旺达、刚果(金)、埃塞俄比亚、厄立特里亚、苏丹、南苏丹和埃及 11 个国家,它是沿岸各国人民生产和生活的宝贵水源,哺育着 2.38 亿人口。尤其是埃及,约 8 040 万人口中,90%居住在尼罗河两岸。尼罗河是埃及人民的生命线,被埃及人誉为“母亲河”。

然而,长久以来,沿岸国家在如何合理分配和利用尼罗河水资源的问题上一直争论不休。1929 年,在当时英国殖民者的提议下,尼罗河流域 9 个国家达成一项赋予埃及和苏丹对尼罗河水拥有优先使用权的

协议。根据该协议,下游国家埃及和苏丹每年可以使用的尼罗河水量分别为 480 亿 m^3 和 40 亿 m^3。在尼罗河上游或支流上,未经埃及同意,不得兴建水利工程。协议还规定,埃及有权利分配尼罗河水的使用量,有权在尼罗河上建设工程而无须告知他国,对埃及认为将损害其尼罗河水资源利益的项目具有否决权等,但埃塞俄比亚没有加入这项协议。

1959 年,埃及和苏丹就尼罗河水资源利用问题通过谈判签订了新的协议,确认埃及、苏丹每年各享有 555 亿 m^3 和 185 亿 m^3 的尼罗河水份额。该协议内容被流域内其他国家认为是不公平的。

得益于地理位置、经济实力以及技术和人力优势,埃及在尼罗河上完成了许多大型水利工程,如举世闻名的阿斯旺大坝和由此形成的纳赛尔水库。苏丹也在尼罗河上修建了一系列水坝,为本国储备水源。其他一些尼罗河流域国家对尼罗河的开发与使用则相对较少或几乎为零。随着流域内有关国家人口增长和工农业发展,各国对水资源的需求与日俱增。一些国家谋求打破旧有的用水协议框架,大力开发利用本国境内尼罗河水资源的需求日益凸显。

曾被称为非洲“水塔”的埃塞俄比亚扼守着青尼罗河的源头,每年从该国境内注入尼罗河的水量占尼罗河总水量的 80%左右。因此,埃塞俄比亚要求每年至少分得 120 亿 m^3 的河水。埃及和苏丹则不同意其从上游截留河水,认为这将影响下游的生存。

5.2.1.2　磋商收效甚微,分歧难解

自 20 世纪 90 年代以来,沿岸国家围绕尼罗河水资源分配的各种磋商收效甚微。2010 年 5 月,埃塞俄比亚、坦桑尼亚、乌干达和卢旺达在 1999 年“尼罗河流域倡议”(Nile Basin Initiative,NBI)基础上签署了旨在公平合理使用水资源的《尼罗河流域合作框架协定》(Nile Initiative Cooperation Framework Agreement)。新协议要求设立一个永久的尼罗河流域委员会,规定流域各国平等利用尼罗河水,开发水电或灌溉项目只需得到该流域多数国家同意即可。

新协议削减了埃及和苏丹的用水份额,加入协议的上游国家给予埃及和苏丹一年宽限期以加入该协议,但埃及、苏丹两国一直谋求捍卫

历史协议赋予的尼罗河水分配份额，拒绝加入。埃及始终坚持该协议在法律上无效。随后，肯尼亚、布隆迪和刚果(金)也相继宣布加入该协议。

此后，尼罗河流域各国的谈判没能取得实质性进展，问题变得愈加复杂。2011 年 7 月，苏丹南、北分裂，南苏丹共和国正式宣布独立。这个新生国家立刻采取与苏丹此前不同的立场，加入到上游的"东非兄弟姐妹"队伍中："我们将和东非的兄弟姐妹们站在一起。我们将尽快加入东非共同体，在尼罗河水问题上，我们不会采取和他们相左的立场。喀土穆怎么做是他们自己的事情，但我们向南看齐，而不是向北。"

目前，围绕尼罗河上游—白尼罗河源头维多利亚湖的水资源利用，已经有包括肯尼亚在内的 5 个国家单独或者联合提出开发计划。本身油气及煤炭等石化能源资源缺乏但水力资源丰富的埃塞俄比亚也将水电作为该国电力建设的重点，并将其列为现政府振兴经济的六大战略之一。

据估计，未来 25 年，尼罗河流域人口将可能翻番。随着人口增长以及全球变暖造成的干旱和饥荒等，该地区对水的需求会不断增大，对水资源的争夺将更加激烈。

5.2.1.3　复兴大坝建设再次引发用水矛盾

2011 年初，埃塞俄比亚宣布修建复兴大坝，尼罗河水资源争端再次升温。埃塞俄比亚拟建的复兴大坝位于其与苏丹边境的青尼罗河上，是该国未来 25 年、120 亿美元水电开发计划的一部分，建成后发电能力约 6 000 MW，将成为非洲最大的水力发电设施。然而，因为可能影响下游国家对尼罗河水资源的利用，该计划一经提出便遭到埃及等国的强烈反对。

2012 年 5 月，埃塞俄比亚、埃及、苏丹以及一些国际水资源专家成立"三方委员会"以评估修建复兴大坝对尼罗河流域国家的影响。2013 年 6 月初，"三方委员会"向埃方提交调查报告后，埃及与埃塞俄比亚之间围绕大坝修建的争议再趋激化。尽管埃塞俄比亚官方宣称修建大坝并不会减少埃及享有的尼罗河水资源份额，但埃及称对方并未

详细陈述修建大坝的利弊,并认为一旦该计划落实,埃及每年从尼罗河获得的水资源将减少 100 亿 m^3,阿斯旺大坝的发电量将减少 18%左右。埃塞俄比亚拒绝放弃建设复兴大坝,埃塞俄比亚认为,这一大坝对于满足其国内能源需求必不可少。

尼罗河沿岸国家围绕水资源的摩擦时有发生。此次埃及与埃塞俄比亚的争端,不过是长期以来沿岸国家在如何分配和利用水资源问题上的矛盾在新形势下的又一次升级。

5.2.2　探讨签署新的分水协议迫在眉睫

尼罗河水之争虽然由来已久,但目前更为重要的还是如何防止矛盾进一步升级并威胁到流域的安全与稳定。从短期来说,这一问题的解决需要埃及、苏丹和埃塞俄比亚间就河水分配取得共识;而从长期来看,则需要尼罗河流域各国共同参与制定一项各方都能接受并认可执行的新协议,以确保各方利益能够得到公平维护。

显而易见,解决水资源争端的最佳途径依然是合作对话。因为尼罗河是连接流域国家的纽带,对尼罗河水资源进行科学、合理、有序的开发是这些国家的共同诉求。事实上,近年来,埃及不仅展开频繁的外交活动,通过与上游国家的高层互访确认新的框架协议不会危害埃及利益。而且,埃及还派遣专家前往上游国家帮助实现水资源利用的效益最大化。与此同时,埃及运用经济杠杆,加大对流域各国的投资,相继与上游国家进行数十亿美元的合作项目,其中仅在埃塞俄比亚的投资就将达到 20 亿美元。这些项目涉及建设电站、修建铁路和饮水设施等。

对原有份额被削减的提议,埃及一直不松口,并希望就协议重新谈判,但上游国家也不肯让步。如果这种僵局持续下去,解决争端会越来越难。国际农业研究磋商组织的研究报告显示,到 2050 年尼罗河流域气温可能会上升 2~5 ℃,高温带来的水蒸发会导致尼罗河上游河谷水资源分配不平衡,这势必给尼罗河水资源分配谈判带来更多的不确定性。

5.2.3 对今后流域管理的思考和建议

5.2.3.1 流域管理现状

1."尼罗河流域倡议"(Nile Basin Initiative)由来

进入20世纪90年代以后,随着地区局势的逐渐缓和,为了改变一些国家的贫困状况,在一些国际组织及西方发达国家的援助和推动下,尼罗河流域国家就公平利用尼罗河水资源、促进区域和平繁荣开始了全流域层面的合作对话及相关联合行动。

1992年,尼罗河6个流域国发起了"尼罗河流域倡议",旨在促进全流域开发与环境保护方面的合作,在"尼罗河流域开发和环境保护技术合作促进委员会"(Technical Cooperation Committee for the Promotion of the Development and Environmental Protection of the Nile Basin, TECCONILE)框架下制定尼罗河流域行动计划。1995年,尼罗河水利部长理事会正式批准了尼罗河流域行动计划,各国一致同意建立尼罗河流域开发与管理合作框架。1997年,流域各国在联合国开发计划署(UNDP)的支持下成立了尼罗河论坛,就流域合作逐渐达成共识。

1999年,尼罗河流域9个国家正式成立了尼罗河流域倡议(Nile Basin Initiative,NBI)组织,作为达成未来尼罗河流域合作框架协定的一个过渡性的机制安排。NBI的组织结构包括尼罗河部长理事会、尼罗河技术咨询委员会和尼罗河秘书处。此后,NBI发起了尼罗河流域战略行动计划,包括全流域层面的共同愿景计划(SVP)和辅助行动计划(SAP)。共同愿景计划旨在建立联合行动的基础(以能力、制度建设为主),辅助行动计划则是在赤道湖泊群和东尼罗河两个子流域层面上开展具体的联合投资项目。在上述行动计划的促进下,2002年,东尼罗河流域专家委员会办公室成立。跨越维多利亚湖的坦桑尼亚、肯尼亚、乌干达三国于2003年签订了《维多利亚湖流域可持续发展议定书》,成立了维多利亚湖流域委员会,在流域水资源、渔业、湿地等的利用与保护方面开展全面合作。2004年,埃及、苏丹、埃塞俄比亚就东尼罗河水资源利用问题达成谅解。

NBI是尼罗河流域国家从竞争冲突到对话协商、从双边合作到全

流域层面多边合作的一大突破。NBI 从最初设计的分享信息发展到后来各国达成共同愿景下从较高政治层面上开展对话与合作，成为流域内国家寻求建立一个新的尼罗河流域管理合作法律框架的催化剂。

2.《尼罗河流域合作框架协定》的制定及分歧

1997 年，UNDP 援助在尼罗河流域行动计划下组织专家起草《尼罗河流域合作框架协定》，以确定一个确保公平、合法利用尼罗河水资源的流域合作制度框架。在协定起草过程中，NBI 部长理事会成立了由各沿岸国代表组成的专门的谈判委员会对协定草案的内容进行对话协商。经过近 10 年时间的起草与协商，NBI 于 2006 年提出了协定的最终草案文本。

协定草案遵循联合国《国际水道非航行使用法公约》的有关原则、规则及国际惯例，提出了开发、利用和保护尼罗河流域水资源应遵循的 15 条原则，包括国际合作、可持续发展、公平合理利用、防止造成重大损害、流域及生态系统的保护与保全、计划措施信息交流、利益共同体、数据与信息交换、环境影响评价与审查、和平解决争端、水安全等，并在此基础上规定了成员国的权利与义务。协定提出设立尼罗河流域委员会，以促进框架协定的实施和流域内国家和人民的合作。

协定草案文本于 2007 年提交尼罗河部长理事会审议，上、下游国家对草案第 14 条款中的“水安全”问题未能达成一致意见。在随后 2008 年、2009 年的会议上仍未取得实质性进展，最后决定将争议条款第 14(b)纳入协定的附件，由未来的尼罗河流域委员会在成立后 6 个月内协商解决。2009 年 8 月 1 日至 2011 年 8 月 1 日为协定文本对流域国家开放签字期，截至 2011 年 5 月，除埃及、苏丹、布隆迪外，NBI 其他 6 个成员国都已在该协定上签字。

目前，上、下游国家意见分歧的核心在于对历史协议或协定的处理。埃及和苏丹为维护其既成的用水权益，坚持历史协议规定的“无害”条款，而上游国家则希望借新协定达成尼罗河流域新的公平合理的水分配。协定草案中提到的维护流域各国的“水安全”是一种相互妥协下的对用水权益的模糊处理(没有提及 1959 年尼罗河水协定)。

其实在水资源短缺地区,各国维护各自的“水安全”客观上具有明显的竞争性和排他性,这是尼罗河流域国家开展合作面临的很大困境,也是其水资源纷争的一个痼疾。今后若该问题得不到妥善解决,即使各国签署流域合作框架协定,将来也得不到有效实施。

总而言之,因尚未正式建立各国均接受的全流域管理合作协定,目前尼罗河流域合作以对话及技术交流为主,流域管理合作仅处于起始阶段。今后的发展路程还很漫长,苏丹的分裂也会对尼罗河流域管理合作带来新的复杂因素。

5.2.3.2 流域管理的启发与思考

1. 地区政治环境的改善对推动流域管理合作发挥了积极作用

国际河流所在地区政治环境的改善及国家联盟的形成对流域管理合作的形成及发展具有积极影响。由于政治格局的变化,原来敌对的国家可能会走向合作,而国家联盟促成地区一体化发展对国际河流流域合作具有积极的推动作用。譬如20世纪90年代,随着东欧剧变,多瑙河(Donau River)流域原来东、西方对立的铁幕倒下,跨越东、西欧的流域合作才成为可能。特别是欧盟东扩接受一些流域国加盟,为进一步开展全流域综合管理合作创造了有利的政治环境条件。多瑙河成为流域管理合作国家数量最多的国际河流流域(共19个国家)。东南亚的湄公河(Mekong River)下游4国自20世纪50年代开始在西方援助下开展下湄公河流域合作,到20世纪90年代,随着东、西方冷战结束和地区政治形势的缓和,其与上游中国、缅甸的全流域对话合作成为可能。

由于历史等原因,尼罗河用水权益分配历来存在不公平,沿岸国处于不断的争论和猜疑之中。许多上游国独立后不断发生政变及内战,水资源开发滞后,应有权益缺乏保障。随着各国用水量的增加,尼罗河水资源的分配已逐渐成为一个国际政治问题。冷战期间,埃及和埃塞俄比亚属于东、西方冲突的不同阵营,难以在尼罗河水资源开发利用上开展合作。自20世纪80年代末以来,地区政治局势的渐趋缓和与地区组织及一体化发展为尼罗河流域国家克服过去的猜疑而开展流域对

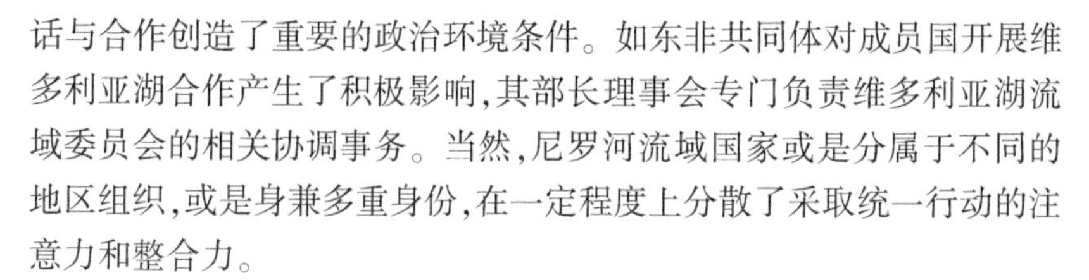

话与合作创造了重要的政治环境条件。如东非共同体对成员国开展维多利亚湖合作产生了积极影响,其部长理事会专门负责维多利亚湖流域委员会的相关协调事务。当然,尼罗河流域国家或是分属于不同的地区组织,或是身兼多重身份,在一定程度上分散了采取统一行动的注意力和整合力。

2. 共同利益的增多为流域管理合作提供了重要的内部驱动力

共同利益是国家间实现合作、形成国际机制的基础。共同利益越多,预期合作收益就会越多,国际合作的可能性、合作的范畴和领域就越大。特别是在缺乏地区涉水制度的环境下,共同利益则成为促进流域合作的重要内部驱动力。随着国际法和地区一体化的发展,面对气候变化带来的水资源及生态环境压力,尼罗河流域国家认识到各国在尼罗河水资源开发利用、水生态环境保护和维护地区稳定、和平与繁荣等方面存在诸多共同利益,这在尼罗河倡议的相关文件、维多利亚湖流域可持续发展议定书、尼罗河流域合作框架协定及有关行动计划中都有体现,这为开展流域管理合作提供了重要的内部驱动力。例如,通过区域水电开发与电力联网建设促进尼罗河流域低成本电力开发和区域电力贸易的合作发展,在目前流域各国电力供应紧张情况下,符合各国电力能源安全保障和经济发展利益及流域水资源开发条件,得到各国积极响应。上游水生态环境的保护也符合上、下游国家的共同利益。作为下游受益国,埃及曾积极援助乌干达控制维多利亚湖蓝藻。

尼罗河流域各国公平地处理好当前用水与未来用水关系,在扩大共同利益的基础上开展有效的流域管理合作,科学、合理、有序地开发和保护尼罗河流域水资源,符合各国共同利益,这是避免国家间矛盾冲突和达到互利共赢的最佳途径。

3. 建立流域管理合作制度是实现流域可持续发展的重要保证

流域管理方法研究及应用目前正处于发展阶段。采用流域管理方法的目的是确保流域资源多功能和可持续利用,以满足当代和未来的需求。联合制定和实施流域开发及管理规划、流域行动计划等是流域管理合作的核心内容。欧盟地区的多瑙河(Donau River)、莱茵河

(Rhine River)等国际河流都要求成员国合作编制和实施流域管理规划。

建立流域管理制度,成立流域合作管理机构,对协调流域内各国水资源供需矛盾、促进流域可持续发展具有重要意义。下游国要求上游国对其可能造成重大跨界影响的工程计划进行通知以及协商,上游国同样也有公平权利要求下游国对下游重大开发计划进行通知与协商,因为其也可能会制约上游国未来开发利用权益。因此,上、下游国家需要对相关开发计划进行流域层面的协调。尼罗河流域国家只有通过对话和平等协商,确定公平、合理和可行的流域合作框架,制定科学合理的流域开发规划和水资源利用战略,达成各方都能接受的水量分配协议,建立起有效的流域管理协调机制,才能减少用水竞争矛盾和冲突,实现流域可持续发展和区域和平稳定。

4.第三方在流域管理合作发展中发挥重要影响及促进作用

第三方一般通过提供资金、技术及政策支持,机构能力建设,斡旋调停纠纷等参与国际河流合作事务,对国际河流管理合作的形成和发展具有一定的促进及引导作用。例如,世界银行通过提供资金及技术援助,促成印度、巴基斯坦两个敌对国解决了印度河(Sindhu River)水纠纷并建立了长期稳定的分水合作。UNDP 等国际组织利用其资金、政策及技术优势,在下湄公河流域的开发与管理合作、咸海流域的管理合作中发挥了重要的组织及推动作用。

对于发展中地区国际河流,由于沿岸各国技术、资金及机构能力有限,开展流域管理合作往往对外部援助具有较强的依赖性。1997 年,尼罗河部长理事会请求世界银行与 UNDP、加拿大国际开发署担负尼罗河流域合作协调员作用。尼罗河流域国家在制定和实施尼罗河战略行动计划、起草及协商尼罗河流域合作框架协定中都要求世界银行、UNDP 等国际组织以及西方援助国提供财政和技术等支持。援助方将签署尼罗河流域合作框架协定和成立尼罗河流域委员会等作为提供国际援助资金、开展尼罗河流域水项目的必要条件。因此,援助方在尼罗河流域对话与合作中发挥了重要的促进作用。NBI 财政主要由援助方

提供，造成其独立性不强，受援助方的影响比较大。加上沿岸国政府承诺不足，NBI 难以自主制定和实施联合管理战略，这给流域管理合作的有效性带来了不利影响。

5. 流域管理合作面临的挑战和难题需要创新的解决方案

尼罗河流域管理合作面临地区干旱缺水、贫穷落后、权威制度缺乏等一系列挑战。地区性干旱缺水和发展滞后（尤其是上游）导致未来用水竞争及矛盾冲突日益突出。历史上形成的关于尼罗河水利用的一些不公平的设置和规定（如“无害”规定与现代国际水法“不造成重大损害”原则不符）若得不到妥善处理，势必阻碍全流域管理合作的发展。这是《尼罗河流域合作框架协定》作为第一个全流域管理合作制度目前仍未获得所有国家支持的主要因素之一。不同于多瑙河流域管理合作具有欧盟地区层面的涉水公约及政策法规的制度保障，尼罗河流域同时缺乏地区性涉水法规。对于联合国《国际水道非航行使用法公约》，流域各国的立场、态度也不相同。因此，尼罗河流域管理合作缺乏可遵循的一致认可的国际水制度。该状况的改变在很大程度上取决于地区一体化发展进程和各国政府加强跨界河流管理合作的政治意愿。这在南部非洲发展共同体地区就有很强的说服力。

水资源公平合理分配问题是尼罗河流域国家开展全流域管理合作必须解决的一个难题。上游国家要求废弃尼罗河历史协议和协定，公平合理分配尼罗河水资源，势必影响下游埃及、苏丹两国现有用水利益。二者之间应有一个双方都可接受的平衡途径。埃及和苏丹应做出适当妥协或找到其他开拓性途径，基于公平合理利用原则，尊重上游国家开发利用尼罗河水资源的客观需求，通过设法减少下游水库及河流经过沙漠地区的水量蒸发损失，增加可用水量，在不对两国现有用水造成“重大损害”的情况下，逐步增加上游国家的用水量。当然，这只有在流域层面科学分析流域水资源承载能力、各国客观需求以及实施引水工程造成的环境、社会影响评价，通过上、下游水库联合调度以及推行节水灌溉和需求管理等手段，在进一步优化水资源利用技术和配置方法的前提下才有可能实现。

5.3 科学研究规划建议

5.3.1 进一步开展流域综合规划研究

流域综合规划是以江河流域为范围,系统研究水资源合理开发和综合利用为中心的长远规划,是区域规划的一种特殊类型,国土规划的一个重要方面。主要内容包括查明河流自然特性,确定治理开发方针和任务,提出梯级布置方案、开发程序和近期工程项目,协调有关社会经济各方面的关系。20 世纪 30 年代,美国在田纳西河(Tennessee River)、哥伦比亚河(Columbia River),苏联在伏尔加河(Волга),法国在罗纳河(Rhone)等河流,都进行了流域规划并获得了成功,取得了河流多目标开发的最大综合效益,促进了地区经济发展。中国自 20 世纪 50 年代开始,对黄河、长江、珠江、海河、淮河等大河和众多中小河流先后进行了流域规划,取得了良好的经济效益,积累了可贵的经验;2007 年开始,由水利部组织,用了 3 年左右的时间完成了长江、黄河等七大江河流域综合规划的修编工作,并得到了国务院批复,正在发挥着协调流域水需求,调节流域水供给,保障流域经济社会可持续发展的重大作用。尼罗河是一条国际河流,由于流域内上、下游国家之间在水量分配和水资源开发利用方面各自为政,意见很难达成一致,截至目前还没有一个真正意义上的流域综合规划,一定程度上由于下游过度开发影响了河流健康和流域社会经济的可持续发展。今后,要借鉴其他地区国际河流如多瑙河、湄公河等经验和做法,积极开展流域综合规划研究,早日实现流域水资源统一管理、统一开发、统一保护,为确保流域水资源的可持续利用和社会经济的可持续发展提供支撑。

5.3.2 开展水资源联合调度相关研究

在水资源严重短缺和水资源压力不断加重的背景下,流域水资源联合调度成为解决水资源问题的重要途径和手段。美国、日本、澳大利亚等在流域水资源联合调度研究方面走在世界前列。20 世纪 70 年

代,我国开始着手研究流域水资源统一管理和联合调度问题,并取得了很好进展。

尼罗河流域有许多天然湖泊,包括维多利亚湖(Victoria Nyanza)、艾伯特湖(Lake Albert)、爱德华湖(Lake Edward)等赤道群湖泊以及其他湖泊,还在中下游地区建立了阿斯旺大坝(Aswan Dam)、罗塞罗斯大坝(Roseires Dam)、麦罗维大坝(Merowe Dam)等,为流域相关国家的社会经济用水提供了极大便利和保障。但是,这些水资源开发利用工程分布在不同国家,在水资源调度上无法协调统一,水资源利用效率不高,部分国家、地区和行业之间用水矛盾突出,不仅影响了社会经济各部门需水,而且还影响了河流健康。因此,建议今后要在有关国际组织的协调下,充分依靠一些国际水资源研究机构的技术力量,开展尼罗河上下游水资源联合调度等相关研究,为今后水资源统一管理从技术层面打下良好基础。

5.3.3　开展流域生态与水资源开发关系研究

尼罗河流域目前面临的主要生态问题是:上游水源涵养区人口增加和发展畜牧业,造成的人为水土流失现象比较严重;中游地区(南苏丹)由于河道变缓,水量蒸发现象比较严重;下游地区过度从河道引水,造成河道基流减少,水生动植物受到严重威胁,同时由于阿斯旺大坝的修建,进入地中海的泥沙减少,三角洲后退了 7~8 km。这些问题已经引起了国际社会和流域内有关国家的高度重视。今后,要把水资源的开发利用和生态环境保护统一考虑,积极开展相关研究,如上游地区如何保护好水源涵养区的植被,中游地区在提高水资源利用效率的同时,如何减少苏德湿地的蒸发损失,下游地区如何保护河道生态和尼罗河三角洲的生态环境等。

第6章 结论及建议

6.1 主要结论

6.1.1 初次对尼罗河流域水资源进行调查评价并取得成果

本次水资源调查评价收集和计算分析了尼罗河流域29个水文站的实测资料,资料来源为全球径流数据中心(GRDC)、联合国粮食及农业组织(FAO),选用的水文站资料系列最短3年,最长115年,地域分布均匀,代表性好。分析计算表明,尼罗河多年平均水资源总量1 490.04亿m^3,其中地表水资源量1 257.17亿m^3,与地表水不重复的地下水资源量232.87亿m^3。

6.1.2 对尼罗河流域水资源质量进行系统调查评价并取得满意成果

近年来,在自然和人类活动的双重影响下,尼罗河流域地表水水质污染严重。河水色度、浊度和固体悬移质问题突出,水体细菌含量超标和富营养化问题严重,导致大部分尼罗河水无法直接饮用,受赤道湖区、苏德湿地、苏丹和埃及境内水库的影响,流域上、下游水质呈非线性变化趋势;查明尼罗河流域地下水水质相对较好,除个别区域矿物质、盐分、硫化物、砷化物、氟化物和碘的含量较高外,其余区域的地下水水质均可满足工农业生产用水的要求和标准。

6.1.3 全面调查了尼罗河流域主要水利工程运行情况

从水电站、水坝、水库、灌溉工程和其他分水(分洪)工程方面,系统收集了尼罗河流域主要水利工程的基本资料,并对其运行情况进行了分析与总结，其中水坝(库)16 座、水电站 58 座，灌溉和分水(分洪)工程有苏丹灌溉工程、南苏丹琼莱运河工程、埃及易卜拉欣米耶渠道工程、埃及新河谷工程、埃及西奈北部发展工程和埃及西三角洲区域工程。

6.1.4　重点分析了尼罗河流域现状年水资源开发利用程度

现状年 2012 年，尼罗河流域总供水量为 863.60 亿 m^3。其中，地表水 791.35 亿 m^3，占总供水量的 91.63%；地下水 30.60 亿 m^3，占总供水量的 3.54%；其他水源 41.65 亿 m^3，占总供水量的 4.83%。2012 年尼罗河流域各部门总用水量 863.60 亿 m^3。其中，农业用水 767.53 亿 m^3，占总用水量的 88.87%；工业用水 35.55 亿 m^3，占总用水量的 4.12%；生活用水 60.52 亿 m^3，占总用水量的 7.01%。2012 年尼罗河流域人均用水量 362 m^3，万美元 GDP 用水量为 10 389 m^3，农田灌溉用水量为 12 518 m^3/hm^2，生活用水量为 105 L/(人 · d)，万美元工业增加值用水量为 986 m^3。尼罗河流域地表水资源开发率为 20.42%，地下水开采率为 2.49%。总体上，尼罗河流域水资源开发利用程度相对较低。现状 2012 年尼罗河流域总需水量 1 004.03 亿 m^3，供水量 863.60 亿 m^3，缺水量 140.43 亿 m^3，缺水程度 13.99%，属工程性缺水。

6.1.5　科学分析预测了规划水平年水资源需求

预测到 2020 年尼罗河流域总需水量 1 103.39 亿 m^3，其中农业需水量 820.86 亿 m^3，工业需水量 154.60 亿 m^3，城镇生活需水量 52.95 亿 m^3，农村生活需水量 74.98 亿 m^3；到 2030 年流域总需水量达到 1 352.22 亿 m^3，其中农业需水量 811.30 亿 m^3，工业需水量 326.86 亿 m^3，城镇生活需水量 89.28 亿 m^3，农村生活需水量 124.78 亿 m^3。随着流域内各国经济的进一步发展和节水技术的不断推广，农业需水量将会随着用水效率的提升而逐步下降，生活需水量将会随着人们生活水平的提高而稳步上升，而工业需水量将会持续增加。总体来看，尼罗河流域未来 20 年水资源需求将呈现不断增长的态势。

6.1.6 系统研究并提出了尼罗河流域水资源开发利用及保护存在问题

尼罗河流域水资源开发利用及保护存在问题主要包括:①流域上、下游用水矛盾突出,用水效率低下;②用水结构不合理,水利基础设施薄弱;③部分河流水能资源开发滞后;④水体污染严重,水功能退化;⑤生态系统结构破坏,生态环境有恶化趋势;⑥用水管理不够完善,管理制度不健全,管理水平有待进一步提高。

6.1.7 依据可持续发展理念总结提出了尼罗河流域水资源开发利用建议

尼罗河流域水资源开发利用建议主要包括:①全流域各个国家应高度重视城乡饮水安全问题;②中、下游国家应控制灌溉发展规模,以发展节水农业为主,上游国家可适度规模发展灌溉面积;③科学开发流域内主要河流水力资源;④埃塞俄比亚高原及维多利亚湖等尼罗河源头区要加大生态环境保护力度,切实提高流域水源涵养能力;⑤要注重水环境保护,确保全流域水资源的永续利用;⑥针对国际河流特点,要在流域已有涉水事务合作组织的基础上,通过对话协商,强化双边合作及全流域层面的多边合作,减少存在的分歧,合理分配水资源;⑦进一步开展流域水资源综合规划、联合调度及流域生态与水资源开发关系等重大课题研究,为未来流域水资源统一管理创造条件。

6.2 建 议

6.2.1 建立尼罗河流域社会经济生态数据平台

尼罗河流域水资源调查评价及规划建议项目实施过程中,涉及的尼罗河流域社会、经济、水资源等资料缺失,特别是国家内部各省(州)国民经济发展和社会各行业专项规划资料匮乏,对尼罗河流域水资源调查评价及规划建议的完成造成一定困难,建议开发集尼罗河流域社

会、经济、生态、资源等为一体的数据平台。

6.2.2　建立尼罗河流域相关水利工程资料库

尼罗河流域内水利工程相关特性资料缺失与对水资源开发利用情况缺乏了解，为尼罗河流域水资源规划提出具有可行性的水资源配置保障工程方案制造了难度。建议开展尼罗河流域相关水利工程及水资源开发利用数据的整理分析，以便结合中国经验提出相关水资源配置工程方案。

6.2.3　加强尼罗河流域实地考察调研

尼罗河流域地域辽阔，地形特征较为复杂，水资源情势多变，为充分科学、准确地对尼罗河流域进行水资源调查评价及提出相关规划建议，建议后续安排更全面的流域社会经济生态资源综合考察，为以后编制规划提供翔实资料。

参考文献

[1] Aboma, G. 2009. Ethiopia: Effective financing of local governments to provide water and sanitation services. Water Aid Report. http://www. wateraid. org/documents/plugin_documents/local_fi nancing__ethiopia. pdf.

[2] AFED. 2009. Arab Environment: Climate Change Impact of Climate Change on Arab Countries. Arab Forum for Environment and Development. http://www. afedonline. org/afedreport09/Full%20English%20Report. pdf.

[3] AFRICOVER-FAO. , http://www. africover. org/.

[4] Ahmad, A. 2008. Post-Jonglei planning in southern Sudan: combining environment with development. Environment and Urbanization 20:575-586.

[5] Albright, T. P. , Moorhouse, T. G. and McNabb, T. J. 2004. The Rise and Fall of Water Hyacinth in Lake Victoria and the Kagera River Basin, 1989 - 2001. Journal of Aquatic Plant Management 42:73-84.

[6] Barnaby, W. 2009. Do nations go to war over water? Nature 458:282-283.

[7] Baskin, Y. 1992. Africa's troubled waters. BioScience 42(7):476-481.

[8] Bohannon, J. 2010. The Nile Delta's Sinking Future, Climate change and damming the Nile threaten Egypts's agricultural oasis. Science 327:1444-1447.

[9] Bonsor, H. C. , Mansour, M. , Hughes, A. G. ,et al. 2009. Developing a preliminary recharge model of the Nile Basin to help interpret GRACE data. British Geological Survey Groundwater Resources Programme Open Report OR/09/018. Keyworth, UK, BGS.

[10] Bruinsma, J. 2009. The resource outlook to 2050: By how much do land, water use and crop yields need to increase by 2050? Presented at the Expert Meeting on How to Feed the World in 2050, 24 to 26 June 2009, Rome.

[11] CA. 2007. Water for Food Water for Life—a comprehensive assessment of water management in agriculture. London, Earthscan.

[12] Casc. o, A. 2009. Changing Power Relations in the Nile River Basin: Unilateraism vs. Cooperation? Water Alternatives 2(2):245-268.

[13] Cavalli, R. M. , Laneve, G. , Fusilli, L. , et al. 2009. Remote sensing water observation for supporting Lake Victoria weed management. Journal of Environmental Management 90:2199-2211.

[14] Conway, D. 2000. The climate and hydrology of the upper Blue Nile River. Geographic Journal, 166(1): 49-62.

[15] Conway, D. 2005. From headwater tributaries to international river: Observing and adapting to climate variability and change in the Nile Basin. Global Environmental Change, 15: 99-114.

[16] Corcoran, E. , Nellemann, C. , Baker, E. ,et al. (eds). (2010). Sick Water? The central role of wastewater management in sustainable development. A Rapid Response Assessment. United Nations Environment Programme, UN-HABITAT, GRID-Arendal. http://www. grida. no.

[17] Darwall, W. , Smith, K. , Lowe, T. ,et al. 2009. The status and distribution of freshwater biodiversity in eastern africa. World Conservation Union.

[18] Drucker, P. 1985. The discipline of innovation. Harvard Business Review, May-June 1985.

[19] EAWAG. 2006. Teodoru, C. , Wuest, A. , Wehrli, B. , Independent review of the environmental impact assessment for the Merowe Dam project (Nile River, Sudan). EAWAG: Swiss Federal Institute of Aquatic Science and Technology. http://www. wrq. eawag. ch/media/2006/20060323/Independent - Review - 20060323. pdf.

[20] EEAA. 2008. Egypt State of Environment Report 2008. Arab Republic of Egypt Ministry of State for Environmental Aff airs Agency. http://www. eeaa. gov. eg/English/reports/SoE2009en/Egypt%20State%20of%20Environment%20Report. pdf.

[21] El Din, S. 1977. Eff ect of the Aswan High Dam on the Nile flood and on the estuarine and coastal circulation pattern along the Mediterranean Egyptian coast. Limnology and Oceanography, 22(2):194-207.

[22] EM-DAT. 2010. The International Disaster Database, Centre for Research on the Epidemiology of Disasters (CRED). http://www. emdat. be.

[23] EM-DAT: The International Disaster Database, Centre for Research on the Epidemiology of Disasters (CRED). http://www. emdat. be.

[24] FAO. 1997. Assessment of the irrigation potential of the Nile Basin. Rome, Land and Water Development Division. 41 pp.

[25] FAO. 1998. Crop evapotranspiration-guidelines for computing crop water requirements. FAO Irrigation and Drainage Paper No. 56. Rome.

[26] FAO. 2000. Water and Agriculture in the Nile Basin. Water and Agriculture in the Nile Basin.

[27] FAO. 2003. World Agriculture: Towards 2015/2030, an FAO Perspective. Rome.

[28] FAO. 2006. World Agriculture: Towards 2030/2050, Interim Report. Rome.

[29] FAO. 2006a. Agricultural trends to 2030/2050. Rome.

[30] FAO. 2006b. Demand for products of irrigated agriculture in sub-Saharan Africa. FAO Water Report No. 31. Rome.

[31] FAO. 2008. Fishery Country Profile - February 2008. Food and Agriculture Organization of the United ations. ftp://ftp. fao. org/FI/DOCUMENT/fcp/en/FI_CP_SD. pdf.

[32] FAO. 2008. UN Food and Agriculture Organization - Statistics Division. FAOSTAT: Online Database. Arable land data- Resource STAT module; Rural population data- PopSTAT module; Calculation by World Resources Institute for 2008 http://faostat. fao. org/site/348/default. aspx.

[33] FAO. 2009. FAOSTAT: Online Database. PopSTAT Module. Food and Agriculture Organization of the United Nations. http://faostat. fao. org/site/550/default. aspx#ancor.

[34] FAO. 2009e. How to feed the world 2050-the special challenge for sub-Saharan Africa. High-Level Expert Forum. 12-13 October 2009, Rome.

[35] FAO. 2010. AQUASTAT Information System on Water and Agriculture: Online Database. Food and Agriculture Organization of the United Nations- Land and Water Development Division. http://www. fao. org/nr/water/aquastat/data/query/index. html? lang=en.

[36] FAO/World Bank. 2001. Farming systems and poverty. Improving farmers' livelihoods in a changing world. Rome and Washington, DC. 412 pp.

[37] Nile Basin Intiative, State of the River Nile Basin 2012, http://sob. nilebasin. org/.

[38] Faures, J. M., Svendsen, M. & Turral, H. 2007. Re-inventing irrigation. Chapter 9 of Water for Food Water for Life-a comprehensive assessment of water management in agriculture. London, Earthscan.

[39] Fisher R. , Kopelman, E. , Schneider, A. K. 1996. Beyond Machiavelli: Tools for coping with conflict. London, Penguin Books.

[40] Fisher, R. , Ury, W. 1981. Getting to yes. London, Penguin Books.

[41] Frihy, O. and Lawrence, D. 2004. Evolution of the modern Nile delta promontories: development of accretional features during shoreline retreat. Environmental Geology 46:914-931.

[42] Global Land Cover 2000 database. 2003 European Commission, Joint Research Centre.

[43] Goudswaard, K. , Witte, F. , Katunzi, E. (2008). The invasion of an introduced predator, Nile perch (Lates niloticus, L.) in Lake Victoria (East Africa): chronology and causes. Environmental Biology of Fishes 81:127-139.

[44] GRLM. 2010. Global Reservoir and Lake Monitor -United States Department of Agriculture. http://www. pecad. fas. usda. gov/cropexplorer/global_reservoir/index. cfm.

[45] Hildyard, N. 2008. Bystanders and Human Rights Abuses: The case of Merowe Dam. Sudan Studies 37, April 2008, published by the Sudan Studies Society of the United Kingdom.

[46] Hilhorst, B. , Schutte, P. ,Thuo, S. 2008. Supporting the Nile Basin Shared Vision with Food for Thought: Jointly discovering the contours of common ground. Entebbe. (unpublished)

[47] Homer Dixon, T. 2000. The ingenuity gap. New York, Alfred Knopf. Hurst, H. E. 1964. A short account of the Nile Basin. Cairo, Ministry of Public Works of Egypt.

[48] Howell, P. , Lock, M. , Cobb, S. 1988. Jonglei Canal: Impact and Opportunity (Cambridge:Cambridge University Press).

[49] ILEC. (n. d.). "Lake Kyoga". International Lake Environment Committee. http://www. ilec. or. jp/database/afr/afr-15. html.

[50] Independent. 2008. Death on the Nile: new dams set to wipe out centuries of history by Boulding, C. http://www. independent. co. uk/news/world/africa/death-on-the-nile-newdams-set-to-wipe-out-centuries-of-history-817236. html.

[51] IPPC. 2007. Climate Change 2007. Fourth IPPC Assessment Report, COP. Geneva. (three volumes)

[52] IR. 2006. "Ethiopia's Water Dilemma". International Rivers Website. http://www. internationalrivers. org/node/2492.

[53] IR. 2006b. "Hundreds Forced to Flee Homes as Merowe Dam Reservoir Waters Rise Without Warning". International Rivers Website. http://www. internationalrivers. org/en/africa/hundreds-forced-flee-homes-merowe-dam-reservoir-waters-rise-without-warning.

[54] IR. n. d.. "Merowe Dam, Sudan". International Rivers Website. http://www. internationalrivers. org/en/africa/merowe-dam-sudan.

[55] IUCN. 2008. Projects: Lake Tanganyika Basin. International Union for Conservation of Nature. http://www. iucn. org/about/work/programmes/water/wp_where_we_work/wp_our_work_projects/wp_our_work_ltb/.

[56] Jarvis A., Reuter, H., Nelson, A., et al. 2008. Hole-filled seamless SRTM data V4, International Centre for Tropical Agriculture (CIAT). http://srtm. csi. cgiar. org..

[57] Kahane, A. 2004. Solving tough problems: an open way of talking, listening and creating new realities. San Francisco, California, USA, Berret-Koehler.

[58] Karyabwite D R. 1999. Water Sharing in the Nile River Valley TABLE OF CONTENTS.

[59] Mohamed, Y. A., Bastiaanssen, W. G. M., Savenije, H. H. G. 2005. Spatial variability of evaporation and moisture storage in the swamps of the upper Nile studied by remote sensing techniques. Journal of Hydrology 289 (2004), pp 145-164. Unesco- IHE.

[60] NASA Earth Observatory. 2008. Drought in Ethiopia. http://earthobservatory. nasa. gov/NaturalHazards/view. php? id=19764.

[61] NELSAP. 2008. Kagera Basin. Kigali. (monograph).

[62] New, M., Lister, D., Hulme, M. et al. A high-resolution data set of surface climate over global land areas. Climate Research, 21: 1-25.

[63] Nical A. 2003. The Nile: Moving Beyond Cooperation. Technical Documents in hydrology.

[64] Oak Ridge National Laboratory. 2006. LandScan 2004. http://www. ornl. gov/sci/landscan/.

[65] Party, E. C. 2011. The List of Wetlands of International Importance.

[66] Piper, B. S., Plinston, D. T., Sutcliffe, J. V. The water balance of Lake Vic-

toria. Hydrological Sciences Journal, 31(1).

[67] Ruud C. M. Crul. 1995. Limnology and hydrology of Lake Victoria. Paris, UNESCO/ IHP.

[68] Said, R. 1993. The River Nile. Geology, hydrology and utilization. Oxford, UK, Pergamon. 320 pp.

[69] Schwartz, P. 2004. Inevitable surprises. London, Penguin Books.

[70] Secretariat, R. C. 2004. Wise use of wetlands. Ramsar Convention Secretariat.

[71] Steinfeld, H. , Gerber, P. , Wassenaar, T. ,et al. 2006. Livestock's long shadow: environmental issues and options. Rome, Livestock and Environment Development Initiative and FAO.

[72] Strassberg, G. , Scarlon, B. R. , Chambers,D. 2009. Evaluation of groundwater storage.

[73] Sutcliffe, J. V. , Parks, Y. P. 1999. The hydrology of the Nile. IAHS Special Publication No. 5. Rome, IAHS.

[74] Taleb, N. N. 2007. The black swan. London,Allen Lane.

[75] Terrence Hopman, P. 1996. The negotiation process and the resolution of international conflicts. Columbia, South Carolina, USA, University of South Carolina Press.

[76] UNDESA. 2008. World Population Prospects: The 2006 Revision. New York.

[77] UNEP. 2008. Africa: Atlas of Our Changing Environment.

[78] UNEP. 2009. Kenya Atlas of our Changing Environment. United Nations Environment Programme. Division of Early Warning and Assessment. Nairobi.

[79] UNESCO. 2006. The 2nd UN World Water Development Report: 'Water, a shared responsibility'. Section 5-Sharing responsibilities, Case Study-Kenya. United Nations Educational, Scientific and Cultural Organization. http://www.unesco.org/water/wwap/wwdr/wwdr2/table_contents.shtml.

[80] UNESCO. 2009. World Water Assessment Programme - 2009. The United Nations World Water Development Report 3, Case Study Volume: Facing The Challenges. United Nations Educational, Scientific and Cultural Organization. http://www.unesco.org/water/wwap/wwdr/wwdr3/case_studies/pdf/WWDR3_Case_Study_Volume.pdf.

[81] United Nations. 2008. United Nations, Department of Economic and Social Affairs (DESA). Population Division, Population Estimates and Projections Sec-

tion. World Population Prospect, The 2008 Revision.

[82] United Nations. 2009. United Nations, Department of Economic and Social Affairs (DESA). Population Division, Population Estimates and Projections Section. World Urbnanization Prospects, The 2009 Revision.

[83] UNOCHA. 2005. UGANDA: Prolonged drought affecting hydroelectric power production. IRIN online news service. UN Office for the Coordination of Humanitarian Affairs. http://www.irinnews.org/report.aspx? reportid=52793.

[84] UNOCHA. 2009a. UGANDA: Rising temperatures threatening livelihoods. IRIN online news service. UN Office for the Coordination of Humanitarian Affairs. http://www.irinnews.org/Report.aspx? ReportId=83267.

[85] UNOCHA. 2009b. UGANDA: Water scheme proposed for parched Karamoja. IRIN online news service. UN Office for the Coordination of Humanitarian Affairs. http://www.irinnews.org/Report.aspx? ReportId=82789.

[86] UNOCHA. 2010. UGANDA: "Flying toilets" still not grounded. IRIN online news service. UN Office for the Coordination of Humanitarian Affairs. http://www.irinnews.org/Report.aspx? ReportId=87677.

[87] UNOPS. 2000. Special Study on Pollution and Its Effects on Biodiversity (PSS)–Summary of Findings for the Strategic Action Programme. United Nations Office for Project Services. http://www.ltbp.org/FTP/SPSS.PDF.

[88] Van der Heijden, K., 2002. The sixth sense: Accelerating organizational learning with scenarios. Hoboken, New Jersey, USA, John Wiley and Sons Ltd.

[89] Van der Heijden, K., Bradfield, R., Burt, G., et al. 1996. Scenarios: the art of strategic conversation. Hoboken, New Jersey, USA, John Wiley and Sons Ltd.

[90] Wack, P. 1985. Scenarios: Shooting the rapids. Harvard Business Review, November–December 1985.

[91] WDPA. 2009. World Database on Protected Areas– Burundi: Wetlands of International Importance (Ramsar) Delta de la Rusizi de la Réserve Naturelle de la Rusizi et la partie nord de la zone littorale du lac Tanganyika. http://www.wdpa.org/siteSheet.aspx? sitecode=900788.

[92] WHO. 2009. Global Health Atlas. Geneva: WHO. World Health Organization. http://www.who.int/globalatlas.

[93] WHO/UNICEF. 2010. Progress on Sanitation and Drinking–Water: 2010 Update. Joint Monitoring Programme (JMP) for Water Supply and Sanitation.

World Health Organization, United Nations Children's Fund. http://www.wss-info.org/datamining/tables.html.

[94] WHO/UNICEF. 2010. Progress on Sanitation and Drinking-Water: 2010 Update. http://www.unwater.org/downloads/JMP_report_2010.pdf.

[95] WHO/UNICEF. 2010. Progress on Sanitation and Drinking-Water: 2010 Update. Joint Monitoring Programme (JMP) for Water Supply and Sanitation. World Health Organization, United Nations Children's Fund. http://www.wss-info.org/datamining/tables.html.

[96] WMO-UNDP. 1970. Hydro-meteorological survey of the catchments of Lake Victoria, Kyoga, and Albert: A Biennial Review (1967-1968). Entebbe.

[97] World Bank. 2006. Project Appraisal Document for a Proposed Loan to the ArabRepublic of Egypt for a Second Pollution abatement Project. http://www.wds.worldbank.org/external/default/DSContentServer/WDSP/IB/2006/03/16/000012009_20060316094617/Rendered/INDEX/R20060002902.txt.

[98] World Bank. 2010. Sudan: Water Supply and Sanitation Project-Project Information Document (PID) Concept Stage. http://www.reliefweb.int/rw/rwb.nsf/db900sid/VVOS-82AUAQ? OpenDocument&RSS20&RSS20=FS.